나를 멋진 곳으로 데려다줘
슈즈 시크릿

.

나를 멋진 곳으로 데려다줘

# 슈즈 시크릿

신미경 지음

예담

# 내 인생을 더 윤기 나게 만드는
# 기분 좋은 허영을 위해

얼마 전 슈어홀릭들이 잔뜩 모인 토크쇼에 출연할 기회가 있었다. 눈이 튀어나올 만큼 비싼 구두를 사 모으거나 훈남을 건져 올리기 위한 미끼로 힐을 애용하거나 '루저'가 되는 것이 두려워 구두에 빠져 있는 여자들의 이 모임에서는 마릴린 먼로가 여자들의 베스트프렌드라고 노래했던 다이아몬드보다 하이힐이 훨씬 더 설득력 있어 보였다. 물론 다이아몬드가 박힌 구두라면 더 금상첨화겠지만.

도대체 구두가 뭐기에 여심을 사로잡다 못해 열광하게 만드는지 궁금하실 분들이 많을 것 같다. 나 또한 그런 질문을 스스로 던지고는 한다. 하지만 대답은 의외로 간단하다. 패션모델의 긴 다리와 우아한 스타일에 질투 어린 시선이나 한숨 섞인 감탄을 날려본 적이 있다면, 하이힐이 부리는 마법을 일찌감치 깨닫는 것은 당연하니까.

최근, 도시 전체가 쇼핑몰로 이루어진 홍콩에서 하루 한 끼로 버텨가며 구두 쇼핑을 했다. 하이힐과 플랫 슈즈를 번갈아 신고 온 상점을 돌아다니며 행복한 순간을 보내는 동안, 나는 마치 어린 시절로 돌아가 알록달록한 사탕들을 보며 그 맛을 상상하는 기분이었다! 사람이 원래 어떤 것에 미치면 합리적으로 생각할 수 없지 않은가. 때로 인생에 애정 어린 광기 하나쯤 양념으로 쳐주는 편이 더 즐겁고, 그런 면에서 내게 구두는 넋이 나가게 그저 좋은 것이다. 나도 안다. 사치스러운 구두에 열광하는 것은 어쩌면 허영의 산물일지도. 그런데 남자는 허풍, 여자는 허영. 이런 면이 없으면 과연 삶이 얼마나 재미없을까 하는 생각도 든다.

구두에 대한 모든 것을 속속들이 공유하고 싶은 마음으로 이 책을 썼다. 하지만 결국 그 주인공은 구두가 아닌 사람이다. 늘 새로운 도전을 일삼았던 디자이너들의 창조정신, 광적인 수집으로 악명을 떨친 이멜다 마르코스 같은 슈어홀릭부터 캐리 브래드쇼처럼 전 세계를 열광시킨 패셔니스타, 그리고 평범한 것으로 둘째가라면 서럽지만 구두 때문에 덜 지루한 삶을 살아가는 내 모습까지. 이들이 매료된 스타일과 시대, 정신을 섭렵하면서 떨림을 느낀다면 꽤 근사한 자극이 아닐까?

글을 쓴다는 것은 내게 가장 재미있는 일이다. 미쳐 있는 구두에 대하여 좋아하는 글쓰기를 했으니 명콤비가 따로 없는 아주 즐거운 작업이었다. 하지만 혼자서 이 모든 것을 다 해냈다고 우쭐하자니 수많은 얼굴들이 생각나서 뒤통수가 따끔거린다. 무엇보다 하이힐을 신고 급하게 걷다가 발목이 자주 꺾이고는 하는데, 그때마다 큰 부상 없이 원상 복구되는 무적의 발목을 갖게 해주신 부모님께 가장 감사드린다. 구두 쇼핑벽에 일침을 가하는 잔소리로 나의 재정 상태를 악의 구렁텅이에서 지켜준 언니와 자신이 운동화 두 켤레를 연속으로 구매한 사건이 나의 영향을 받은 것으로 사료된다며 걱정하던 오빠에게도 감사의 말을 전하고 싶다. 구두를 살 때면 내게 조언을 구하는 여러 어여쁜 아가씨들에게도 이 책이 도움이 되었으면 좋겠다.

무엇보다 패션을 사랑하는 많은 분들, 특히 구두를 스타일의 완성이라고 생각하시는 분들에게 우리가 왜 구두에 열광할 수밖에 없는지에 대한 공범의식을 심어드리고 싶다. 마지막으로 부족한 내게 다

방면으로 칭찬과 격려를 아끼지 않았던 편집자님에게도 무한한 감사를 전한다. 요즘 정신없이 바빠 피곤하다고 하는데 기분 전환으로 화장품보다 자신에게 꼭 맞는 멋진 하이힐 한 켤레 추천하고 싶다. 물론 둘 다 사면 더 좋고!

2010년 4월
마크 제이콥스 새틴 펌프스를 신은,
신미경

*Chapter 1*

# 셀러브리티의 슈즈

··· 멋진 구두가 당신을 멋진 곳으로 데려다준다

# Chapter 2

# 슈즈가 창조하는 스타일
··· 패션은 지나도 스타일은 남는다

## Chapter 3

# 알고 보면 더 흥미진진한 슈즈

…"옷은 마음에 든 적이 없고, 음식은 먹어봐야 살만 찌지만, 신발은 항상 꼭 맞지."

# Chapter 4

# 나의 슈즈 편력기
··· 아름다움을 신는 것이 곧 쾌락이다

*shoeaholic*

# Chapter 1

# 셀러브리티의 슈즈

멋진 구두가 당신을 멋진 곳으로 데려다준다

슈어홀릭은 꼭 마놀로 블라닉이란 특정 브랜드를 좋아한다는 선입견을 가질 이유도 물론 없다. 내가 사랑하는 도시를 거닐 때 마켓표면 어떻고, 샘플 세일에서 반값에 샀으면 어떤가. 그 무엇보다 내 마음에 쏙 드는 구두를 신고 세상을 다 가진 기분에 행복해하고 가족처럼 사랑하는 친구와 유쾌한 수다를 떨며, 사랑을 찾아다니는 당신도 이미 캐리 브래드쇼 못지않은 슈어홀릭이니 말이다.

# 1

# 캐리 브래드쇼의
# 클로짓

오스카 드 라 렌타, 로베르토 카발리, 구찌……. 빈티지 샤넬 드레스가 한쪽에 대충 걸려 있고, 좁은 공간 사이 산더미처럼 쌓인 마놀로 블라닉 구두 상자 위에는 크리스찬 루부탱 펌프스가 놓여 있다. 좁은 통로의 서랍장에서 돌체 앤 가바나의 팬츠가 발렌시아가 백과 함께 뒹구는 뉴욕의 월세방은 아름답다.

인생은 짧고 남자는 많으며, 친구는 제2의 가족임을 일깨워준 금세기 최고의 드라마 〈섹스 앤 더 시티Sex And The City〉(줄여서 SATC). 여자들의 공감과 부러움을 이끌어내는 우리의 히로인 캐리 브래드쇼의 클로짓은 이 드라마를 더욱 멋지게 만든다. 럭셔리 제품에 벼룩시장에서 건진 빈티지 제품들을 믹스하는 시도는 이때부터 인기를 끌었다 해도 무관하다.

캐리 브래드쇼라는 캐릭터가 우리에게 전해준 스타일 비밀 세 가지는 믹스 앤 매치, 빈티지 의상, 그리고 슈즈가 패션의 완성이자 시작이라는 개념이다.

뉴욕이라는 배경에 그들의 사랑 방식이 조금 생소했던 사람들도 이내 캐리와 미란다, 사만다, 샬롯의 캐릭터에 자신을 대입하며 그들의 스타일에서 아이디어를 한 번쯤은 얻어보았을 것이다. 유수의 패션 매거진들은 경쟁적으로 SATC의 패션을 다루었고, 여자들은 뉴요커 환상 키우기 놀이를 주저하지 않았다. SATC가 바로 워너비 라이프 스타일을 보여줬기 때문. 친구들과의 브런치, 코스모폴리탄 칵테일과 함께하는 다양한 파티, 웨이팅 리스트가 있는 잘나가는 레스토랑에서의 디너 등이 그것이다. 하지만 인구에 회자될 만큼 많은 이야기를 만들어내며 유독 눈길을 끌었던 것은 바로 캐리의 구두 사랑이었다. 나또한 구두를 유독 사랑하지만, SATC를 보기 전까지만 해도 '왜?'라는 의문을 품어본 적이 없었다. 하지만 이 드라마를 통해 '슈어홀릭'이란 인류는 공식화된다.

"신발이 왜 이렇게 많이 필요해?"

SATC 시즌 4의 한 에피소드에서 캐리의 남자친구 에이든이 캐리의 자존심의 상징인 클로짓을 정리하면서 무뚝뚝하게 물었다. 정말 그녀

는 왜 그렇게 많은 신발이 필요했던 걸까? 그리고 내게도 자문했다.

"그런 식으로 말하면 가만 안 돼."

캐리가 경고를 날림과 동시에 에이든의 애완견 스키퍼가 마놀로 블라닉의 가늘고 섬세한 힐을 잘근잘근 씹어 먹는 순간, 드라마 속 캐리와 함께 소리를 지르며 나도 깨달았다. 좋아하는 것은 그저 좋아하는 것일 뿐, 이유를 대는 것도 구차하다!

구두와 관련된 그 어떤 에피소드보다도 캐리가 300달러짜리 구두에 어울릴 만한 30달러짜리 드레스를 사러 돌아다니는 모습에서 도플갱어를 만난 기분이 들었다. 나 또한 30만 원짜리 마크 제이콥스 구두에 어울릴 만한 아메리칸 어패럴의 3만 원짜리 저지 원피스를 사고는 하니까.

내가 뛰는 놈이라면 캐리는 날아다닌다. 돌체 앤 가바나 슈즈를 사려다 카드 한도가 넘어서 포기해야 할 뻔했고, 집세 낼 돈은 없어도 당장 눈에 띈 500달러짜리 지미 추를 사기도 했으며, 400달러짜리 구두를 신고 택시비가 없어 48블록을 걸어가던 캐리. 길에서 강도를 만나도 "다 가져가도 좋으니 샘플 세일 때 산 마놀로 블라닉 구두는 안 돼!"라며 용기를 낸다.

STAC의 후광으로 인기를 얻은 슈즈 디자이너 3인방은 이들이다. 가장 유명해진 마놀로 블라닉과 지미 추, 그리고 크리스찬 루부탱. 그

중에서도 마놀로 블라닉이라는 이름도 생소한 이 럭셔리 슈즈 브랜드는 금세 잇it 아이템이자 여자를 가장 멋지게 만들어주는 제5원소가 되었다. 비단 캐리뿐만이 아니라 비욘세가 〈인 더 클럽In da club〉이란 힙합곡의 랩에서 '끝내주게 좋은fabulous'의 상징으로 노래한 바 있고, 영화 〈아이즈 와이드 샷〉에서 니콜 키드먼이 파티 준비를 위해 신었으며, 심지어 마돈나는 섹스보다 좋다고 하는 등 셀러브리티들은 '마놀로스'란 애칭을 붙여주며 애정을 과시한다.

'높고 섹시하지만 우아하다High sexy, but always elegant.'

마놀로스의 기본 실루엣은 발에서 가장 넓은 부분부터 신발 코까지 길고 완만하게 좁아지다가 코끝이 뾰족하지 않게 살짝 아치를 이룬다. 가장 중요한 힐의 모양은 굽의 윗부분이 유연하게 곡선을 그리며 아래쪽으로는 매끈한 직선으로 떨어지는데, 마치 잘빠진 각선미를 연상시킨다. 가죽, 새틴, 레오파드 무늬의 송치가 가장 많이 쓰이고, 레이스 또는 꽃무늬나 기하학적인 패턴의 패브릭을 쓰기도 하는데, 사실 어떤 소재라도(깃털, 리본, 친칠라 모피, 비즈, 크리스털 등) 아트를 전공한 마놀로 블라닉의 손에만 들어가면 환상적인 슈즈로 변모한다.

스페인 출생의 마놀로 블라닉은 한 켤레의 슈즈를 만들기 위해 직접 라스트에 스케치하고 마무리까지 수공으로 하는 철저한 장인정신을 보인다. 그래서 들이는 공에 비해 (최소 500달러에서부터 1,000달러

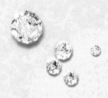

높고 섹시하지만 우아하다. High sexy, but always elegant.

가 넘는) 자신의 신발 가격이 너무 싸다는 것을 알아야 한다고 말한다.

이토록 자부심 강한 마놀로 블라닉이 만든 슈즈의 잘빠진 실루엣은 섹시함을, 고급스러운 소재는 우아함을 보여주는 하나의 예술품과도 같으니 아마도 지금 투자해 후대에 물려주면 소더비 경매에서 만나볼 수 있을지도 모른다. 그래서 마놀로스의 열혈 마니아들은 두 켤레 사서 하나는 감상용으로 하나는 워킹용 슈즈로 사용한다는 풍문도 들린다.

마놀로 블라닉이 자신의 뮤즈이자 우리 모두의 여신이라고 했던 모델 케이트 모스가 "죽기 전에 꼭 가져야 할 신발"이라고 했던 마놀로 블라닉. 스타일을 리드해 가는 여자들의 기호품인 마놀로스는 SATC의 스타일링을 담당해 유명세를 탄 스타일리스트 패트리샤 필드가 "여자들이여, 섹시하게 보이고 싶으면 마놀로 블라닉을 신어라"라고 조언하면서 슈즈계의 신神으로 떠오른다.

이렇듯 슈어홀릭이라면 으레 마놀로 블라닉을 신어야 할 것 같은 분위기를 형성시켜 버린, 그 어떤 광고보다도 더 대단한 광고 효과를 가져온 드라마가 SATC다. 솔직히 말하자면 처음에는 '마놀로 블라닉이 얼마나 대단하기에!'라는 생각을 가졌다. 하지만 실제로 신어보니 이제 마놀로 블라닉을 모으는 사람들에 동조하고 싶을 정도다. 발이 커서 뾰족한 앞코를 가진 슈즈를 경멸하는 나지만 마놀로는 달랐다. 내게는 캐리가 '도시 신발의 신화urban shoes myth'라고 칭했던 메리제인 슈즈가 있는데, 좁아 보이던 볼에도 불구하고 정말 편하며 더 나아가 발모양까지 예뻐 보였다. 그리고 높은 굽에도 불구하고 신었을 때 편해서 한마디로 완벽하다. 물론 단점은 있다. 프리미엄 디자이너 슈즈라 가격이 고가라는 것.

SATC의 환상에 젖어 있다가 어느 순간 자신이 뉴요커가 아님을 깨닫고 슬퍼할 필요는 없다. 또 슈어홀릭은 꼭 마놀로 블라닉이란 특정 브랜드를 좋아한다는 선입견을 가질 이유도 물론 없다. 내가 사랑하는 도시를 거닐 때 마켓표면 어떻고, 샘플 세일에서 반값에 샀으면 어떤가. 그 무엇보다 내 마음에 쏙 드는 구두를 신고 세상을 다 가진 기분에 행복해하고 가족처럼 사랑하는 친구와 유쾌한 수다를 떨며, 사랑을 찾아다니는 당신도 이미 캐리 브래드쇼 못지않은 슈어홀릭이니 말이다.

# 2
## 오! 나의 교주님, 케이트 모스

나에게는 케이트 모스의 스타일을 스크랩하며 예쁜 구두를 사는 취미가 있다. 깡마른 패션모델의 대명사인 케이트는 나탈리아 보디아노바처럼 사랑스러운 미인도, 지젤 번천처럼 한숨이 나올 만큼 끝내주는 몸매를 가지고 있는 것은 아니지만, '누구든, 당신이 원하는 사람'이 되는 '완전 소중한' 완소모델이다.

"케이트 모스와 똑같이 입는다고 해도 절대 그녀처럼 보일 수 없다. 물론 영향을 받을 수는 있겠지만, 자신을 먼저 돌아보고 무엇이 어울리는지를 생각하라."

좋다, 비비안 웨스트우드! 내가 존경하는 가장 시크한 할머니이자 패션 디자이너인 펑크 스타일의 대모여, 우리 모두 잘 알고 있다. 케이트 모스의 '무심한 듯 시크하게' 생긴 외모와 '깡말랐지만 매너 있게' 생긴 몸매가 아니라면 아무리 그녀와 똑같은 브랜드를 걸쳐도 결국 그저 유행하고 있는 스타일로 입은 '나'일 뿐이라는 걸. 하지만 케이트 라는 인물 그 자체가 중독성을 가지고 있는 걸 어쩌랴.

'지금 스타일Now style'의 대변인 케이트 모스는 크로이던이란 런던 의 남부지역에서 자랐는데, 어렸을 때에도 빈티지 숍들을 뒤지며 미 니스커트에 비비안 웨스트우드의 티셔츠를 매치하고는 했다. 그녀의 십대 시절 위시리스트 1순위는 매춘부가 신을 법한 블랙 컬러 가죽 펌 프스로 경이로운 높이의 하이힐이 발에 오르가즈믹한 곡선을 선사해 주는 바로 비비안 웨스트우드의 섹스 슈즈. 이 빈티지 숍을 드나들던 소녀는 머지않아 세계 스타일을 리드하는 아이콘이자 원하는 패션 아 이템은 뭐든지 가질 수 있는 모델계의 재벌이 된다.

케이트 모스는 신디 크로퍼드, 나오미 캠벨과 같은 글래머러스하고 섹시한 슈퍼모델이 지배하던 1980년대를 종결시키고, 1990년대부터 지금까지 마른 몸이 아름답다는 미의 기준을 굳건히 세운다. 열네 살 때 여름휴가를 온 그녀는 JFK 공항에서 스톰 에이전시에 의해 모델로 발탁된다. 그 후, 캘빈 클라인의 향수 옵세션 캠페인에 덜 성숙한 소 녀의 가슴을 노출시키며 전세계를 충격과 혼란에 빠지게 했고 논쟁을 불러 일으켰지만 결국 '옵세션obsessin'의 뜻처럼 대중은 케이트에게 강박증을 느낀다. 케이트는 무엇이든 될 수 있었고, 혼합과 다양성을 추구하던 1990년대가 원하던 완벽한 이미지였다.

케이트의 매력은 사실 이렇게 피상적이지 않다. 여신처럼 완벽한 외모가 아니라는 것이 여자들의 동질성을 끌어냈고, 매우 역설적이게도 타블로이드 1면을 장식하는 배드걸bad girl이기에 대중들의 끊임없는 관심을 받았다는 것이 그 본질이다.

케이트의 스타일은 한마디로 내추럴이다. 완벽한 드레스를 입고 손질 안 한 듯 매시한 헤어스타일에 자연스러운 메이크업을 하거나, 신경 쓰지 않고 아무거나 주워 입은 것처럼 일상적인 옷차림같이 느껴지지만 놀라울 만큼 감각적이다.

무엇보다 나는 케이트가 신고 다니는 부츠에 저항할 수 없는 영향을 받았다. 케이트는 마놀로 블라닉을 즐겨 신지만, 거리를 거닐 때는 완벽한 구두보다 겨울이면 편하고 따뜻해 보이는 털 부츠를, 또 여름에는 다양한 종류의 글래디에이터 샌들이나 레인부츠를 신고 다니는 모습이 더 인상 깊다.

이렇게 대중들이 접근하기 쉬운 아이템은 쉽게 유행된다. 게다가 어떻게 스타일링하는지 몸소 보여주니 더더욱 유행에 불을 지필 수밖에. 린제이 로한과 시에나 밀러의 스타일은 바로 케이트의 분신이다. 사실 케이트 교주를 따르는 모스 룩 종파의 엄청난 신도를 만들어낸 것은 그녀의 패션 교리를 전파하는 유망한 할리우드 패셔니스타 전도사들 덕분이기도 하다.

특히 어그 부츠라는 금세기 최고의 스테디셀러는 말리부에서 할리우드 스타들이 서핑 후에 신는 걸로 유명해졌는데, 처음 주시 쿠튀르의 벨로아 후드 집업에 하트 무늬 잠옷 바지를 입고 어그를 신은 마돈나를 보았을 때만 해도 스타일리시하다는 느낌보다는 '웃기다'라는 생각이 강했다. 그런 내가 구두 살 돈으로 한여름에 어그를 구매 대행한 사건이 있었으니, 바로 케이트 모스가 런던에서 불법 주차단속 위반 딱지를 떼고 있는 순간의 사진을 보았을 때였다. 그때 그녀는 바로 어그를 신고 있었다.

케이트를 담은 모든 사진은 패션화보 같지만 가장 아름답게 보였던 그녀의 털 부츠는 바로 블랙 팬츠와 그레이 카디건에 매치한 마치 북극곰의 복슬복슬한 다리를 연상시키던 벌키한 부츠로, 바로 옆에 담배를 피우며 함께 걸어가던 조니 뎁이라는 시너지 때문이었다.

여기서 흥미로운 사실을 발견할 수 있다. 바로 케이트 모스의 스타일은 데이트 상대에 따라 달라진다는 것. 빈티지 스타일을 고수하던 전형적인 런더너였던 그녀가 1994년부터 3년간 조니 뎁을 만나면서 할리우드 디바 느낌의 글래머러스한 스타일로 변신했다면, 그녀의 딸 릴라 그레이스의 아빠인 〈데이즈드 앤 컨퓨즈드Dazed & Confused〉 매거진 에디터 제퍼슨 핵과 사귈 때는 블랙으로 차려 입은 세련된 패션피플의 모습을 보였다. 최근 록 시크 열풍 뒤에는 케이트의 남자친구였던 베이비 샘블즈의 보컬 피트 도허티라는 록스타가 있다. 페도라와 해골무늬 알렉산더 맥퀸 스카프, 스키니 진과 베스트vest 라는 공식을 만들어낸 케이트는 심지어 할리우드의 케이트 전도사들에게 데이트 상대마저도 록스타로 지정해 버리는 엄청난 영향력을 행사하기도 한다.

케이트는 착한 남자에게 오래 정착하지 못하고, 유독 마약과 술로 난잡한 파티를 즐기는 나쁜 남자에게 집착한다. 그래서 피트 도허티와 코카인을 흡입하는 장면이 몰래카메라에 찍혀 가십난을 장식하는 지저분한 일에 말려들기도 했다. 그 사건으로 그녀는 한순간에 모든 걸 잃을 수도 있었지만, 사람들의 예상을 깨고 특유의 무심한 표정으로 모든 것을 제압하며 제2의 전성시대를 열었다. 캘빈 클라인, 에트로, 니콘……. 그녀에게 러브콜을 보낸 브랜드는 열거하기도 힘들 정도다. 아직도 친근한 이미지와 동시에 손에 잡히지 않는 여신의 모습이 공존하는 케이트의 매력은 불가항력인 것이다.

심리학자 프로이트의 손녀인 루시엔 프로이트는 케이트 모스의 임신한 모습의 누드를 그린 〈벌거벗은 초상화〉를 발표했고 영국의 유명한 그래피티 아티스트 뱅크시가 앤디 워홀의 마릴린 먼로를 모티브로 제작한 케이트 모스의 초상이 거액에 팔리기도 할 만큼 그녀는 단순한 패션 아이콘을 넘어 문화 아이콘으로 동시대에 존재한다. 이 모든 것은 본능적으로 발달된 패션 감각에서 비롯되었다.

2001년 8월에 발행된 미국 〈보그〉와의 인터뷰에서 십대 시절 바라던 비비안 웨스트우드의 섹스 슈즈를 손에 넣은 그녀에게 그 구두에 어떤 옷을 입을 것인가 물었을 때, 그녀는 단지 "아무것도Nothing"라고 대답한다.

물론, 당신이 결정한 것이 바로 우리의 절대적 스타일이다.

# 권력과 슈즈는
# 불가분의 관계

여자 넷이 모이면 하는 일상적 이야기란 일, 쇼핑, 스캔들, 마지막으로 사랑에 대한 것으로 뒤로 갈수록 대화의 농도는 짙어진다. 늦은 점심을 먹던 어느 주말, 오래된 남자친구와의 근황을 묻는 내게 친구 K는 이렇게 대답한다.

"결혼은 무슨, 내 나이가 몇인데. 직장에서 인정받으려면 아직 멀었어. 게다가 유학도 생각하고 있고⋯⋯."

언제부터인가 현모양처가 꿈이라고 말하는 친구들이 사라졌다. 남편과 자녀를 성공시키기 위해 희생하며 살던 여성들이 이제 스스로의 성공을 위해 외조를 받고 싶어 하고, 셔터맨을 꿈꾸는 남성들이 등장하면서 바야흐로 가부장적 사회의 몰락은 이미 절정으로 치닫고 있다. 아직도 세간에서는 기존의 관습적인 삶을 버린 대다수의 여성을 향해 '나쁜 여자가 성공한다'라는 식으로 매도하고는 있지만, 정말 그들이 울부짖던 현모양처가 '착한 여자'의 상징일까?

"나는 다만 1,060여 켤레의 신발을 가지고 있을 뿐이다. 뭐 어떤가. 난 단지 사랑과 감사의 상징으로 모을 뿐이다."

대표적인 국민 현모양처라 할 수 있는 퍼스트레이디 중에는 이처럼 방대한 양의 슈즈를 소유하는 데 '사랑과 감사'라는 고귀한 비유를 덧붙여 합리화하는 이도 있다. 내가 3년 넘게 써오고 있는 슈즈 칼럼의 소개 멘트였던 이 문장은 사람들로 하여금 놀라움과 비웃음, 질투의 반응을 불러일으켰는데, 불행하게도 이건 내 이야기가 아니라 미스 마닐라 출신이자 필리핀의 전前 퍼스트레이디, 국제적인 사치의 여왕 이멜다 마르코스가 남긴 어록 중 일부다.

이멜다가 미국으로 정치적 망명을 떠난 뒤, 궁에서 3,000여 켤레의 신발이 발견되자 대중들은 탐욕과 독재의 상징으로 신발을 낙인찍는 동시에 이멜다를 가장 유명한 슈어홀릭으로 만들었다(이 신발들은 이제 필리핀 말라카냥 궁 혹은 마리키나 시티의 이멜다 구두박물관에서 만나볼 수 있다). 누구는 4,000켤레가 넘는다고도 하니 정확한 그녀의 신발 수는 아마 이멜다 자신도 모를 것이다. 여기서 이멜다는 '현모양처' 이야기를 해보자면, 가난한 가정환경에서 자랐지만 고향 이름을 따서 '타

30

클로반의 장미'라 불릴 만큼 미인이었다는 것과 현실에 굴하지 않고 마닐라로 유학 가 법률을 전공한 영민한 두뇌의 소유자였다는 것이 잘 알려져 있다.

미스 마닐라가 되어 상류층과 어울리며 마르코스의 마음을 사로잡고, 그를 대통령으로 만들기 위해 뛰어난 화술로 선거 유세에 참여한 이멜다는 전형적인 가부장적 시대에 남편을 등에 업고 1960년대부터 20년간 독재로 필리핀을 다스린다.

이처럼 그녀가 4,000켤레가 넘는 신발과 보석, 현금, 부동산과 같은 유형 자산뿐만 아니라 마닐라 시장市長을 하는 등 무형자산인 권력을 손에 넣게 된 것은 단지 자신의 엄마처럼 노동만 하다 인생을 마감하고 싶지 않다는 바람 때문이었다고 한다.

가난함이여 안녕! 이제 누구나 꿈에 그리는 초호화판 생활이 시작된다. 해외순방에 나설 때면 지금의 디바 비욘세 놀즈가 순회공연을 떠날 때와 맞먹게 전용기 네 대를 띄우고, 세계 어디에서든지 필리핀 요리를 비행기로 공수해 오며, 버그도프 굿먼과 같은 굴지의 쇼핑 장소에서 천문학적인 돈을 쏟아붓는다. 국민들이 헐벗고 있을 때 럭셔리한 생활을 영위하자 민심은 독재자 부부에게서 등을 돌리고 만다. 그 후, 망명 간 하와이에서 남편을 잃고 돌아온 그녀는 속죄하고 있을까?

"나는 국민의 스타이며 동시에 노예로서 국민의 행복을 위해 아름답게 가꾸었을 뿐 결코 사치한 게 아니다."

역시 뻔뻔하다, 이멜다. 너무 순수하고 순진해서 성공한 여자여. 그 배짱만큼의 물욕은 천박하다. 하지만 내숭 떨지 않은 그 탐욕은 존경스러울 정도다.

뻔뻔한 이멜다를 마음껏 부러워하고 욕했다면, 여기 성녀聖女의 가면을 쓴 창녀라 불리는 야누스 같은 퍼스트레이디는 어떤가? "아르헨티나여. 나를 위해 울지 말아요"란 유명한 수식어가 붙은 에비타 페론은 페라가모 구두 마니아. 남편 후안 페론과 함께 집권한 후 노동자들의 전폭적인 지지로 에비타의 인기는 상당했으나, 당시 세계 5위의 경제대국이었던 아르헨티나가 쇠락의 길로 걸은 것이 이 페론주의(노동자 우대정책) 때문이라는 의견도 있어 그 평가는 엇갈린다. 에비타는 1950년대 유행에 맞게 시뇽 헤어스타일(뒷머리에 올려 붙이는 머리 모양)과 잘록한 허리 라인, 둥근 어깨, 붉은 립스틱과 대조적인 흰 피부가 상징인 '에비타 룩'을 만들어내며 우아함을 추구했다. 너무 뾰족하거나 뭉툭한 디자인의 신발은 거부하고 둥근 라인을 선호한 것도 에비타 룩의 포인트이다.

사생아로 태어나 미모 하나만 믿고 상경한 에바 두아테르라는 시골 아가씨는 가수와 여배우 일을 전전하던 25세 때 자신보다 나이가 두

배 많은 혁명군의 리더 후안 페론 장군을 만나자 돈과 권력이 남자로
부터 비롯됨을 깨닫게 된다.

후안 페론의 정부情婦로 1년간 지내다가 세계 역사상 가장 나이 어
린 퍼스트레이디가 된 에비타에 대해 상류층은 창녀라 비난했고, 빈

곤충은 성녀라 옹호했다. 바로 빈민을 구제하기 위한 갖가지 정책으로 민심을 흔들어 페론주의를 가능하게 했기 때문이다. 한편으로는 당시 부에노스아이레스의 상류층들이 파리 상류사회에 열광했던 것처럼 그녀도 남미 출신임에도 불구하고 유럽 패션의 여왕이자 파리 패션계 명사가 되어 사치를 일삼았는데, 아르헨티나판 친절한 금자씨가 따로 없다.

이처럼 권력자들의 현모양처는 사치스럽지만 주체적이고, 전면에 나서 남편보다 스타가 되기도 한다. 재클린 부비에 케네디 오나시스라는 사연 많은 긴 성姓을 가진 명사도 그렇다. 고루한 백악관을 세련되고 젊은 감각으로 탈피시킨 이 주역은 1960년대를 대표하는 패션 아이콘으로서 패션이 정치에 이용된 대표적인 경우이다. 미국의 케네디 전 대통령도 "사람들이 나의 연설을 들으러 오는 것이 아니라 재키의 옷을 보기 위해 몰려든다"고 패션의 힘을 인정한 바 있으니 정말 영리한 케네디 부부가 아니겠는가.

패밀러 클라크 키어우가 쓴 《재키 스타일》에서는 재키가 '타고난 귀족'이 되고자 했다고 평한다. 패션지 〈보그〉 콘테스트에서 1위를 할 정도의 글 실력을 가진 프랑스 유학파 재클린 부비에는 케네디 상원의원과 결혼해 케네디란 성을 갖고 곧이어 임신한 몸으로 선거 유세에 쫓아다니는 열정을 보이더니, 백악관의 안주인이 된다.

퍼스트레이디 시기에 재키는 큰 두상을 효과적으로 커버한 스카프와 선글라스, 트레이드마크인 두 줄의 진주목걸이를 이용하고 심플하면서 고급스러운 H라인의 시스드레스를 즐겨 입는 등 파리 스타일을 재해석한 미국 스타일을 보여주며 세계적인 트렌드 리더로 거듭난다. 지방시를 열광적으로 좋아했던 재키는 파리 컬렉션 기간에 패션 일러스트레이터를 런웨이로 보내 최신 파리 모드를 스케치하고는 했는데, 미국 스타일을 추구하라는 백악관의 요구에 디자이너 올렉 카시니를 기용해 재탄생시킨 것이 바로 '재키 스타일'이다.

달라스에서 케네디 대통령이 저격되고, 미망인의 슬픔도 잠시. 마릴린 먼로와 바람을 피웠다는 의혹이 있는 남편의 주검이 식기도 전에 사치스러운 삶을 영위하려 과감히 그리스 선박왕 오나시스와 재혼하면서 재키는 국민 현모양처 자리에 물러나 악녀 소리를 듣게 된다.

아이러니하게도 재키가 가장 아름다웠을 때는 워킹우먼의 시기다. 물 쓰듯 돈을 쓰던 그녀의 뒤를 봐주던 남자들이 인생에서 사라지고, 출판업에 뛰어들어 자립하자 비로소 빛이 났던 것이다. 그녀의 스타일은 패밀리 네임이 새롭게 추가될 때마다 조금씩 변하지만 결국 귀족적이고 자유롭다는 것에서 공통된다.

동시대를 살면서 퍼스트레이디의 타이틀을 달았던 그녀들은 사치스러웠다. 가난한 환경에서 자란 보상심리 때문일 수도, 타고난 안목과 취향 때문일 수도 있지만, 이러한 공통적인 행태는 결국 상처를 쇼핑으로 극복함으로써 자기애를 실현하고 단단한 갑옷 속으로 숨어 들어가 연출된 이미지를 보여주는 것으로 승화시켰다.

닮은 듯 전혀 다른 이 유명한 퍼스트레이디들에게는 신발이라는 공통점이 있다. 신분 상승 욕구로 가득 찬 신발 수집광 이멜다와 우아함으로 어필하기 위한 레이디 룩의 완성을 페라가모 펌프스에서 찾았던 에비타, 마지막으로 타고난 스타일 감각으로 낮은 굽을 즐겨 신어 자유로운 기품이 넘쳤던 재키.

이들이 단지 남편만을 잘 만나서 호의호식을 하게 된 것은 아니다. 그 이유는 21세기 가장 유명한 퍼스트레이디였고 남편에 이어 대권을 노리기도 했던 힐러리 클린턴의 첫사랑에 대한 에피소드에서 잘 알 수 있다. 클린턴 대통령이 고향을 방문하던 중 마주친 힐러리의 첫사랑을 보고 "저 사람과 결혼했으면 당신은 주유소 사장 부인밖에 못 되었을 텐데"라고 말하자 힐러리는 "내가 저 사람과 결혼했으면 저 남자가 미국의 대통령이 되었을 것"이라고 응수했다지 않은가. 우문현답이 아닐 수 없다.

현모양처라는 여성상의 도덕성은 논외다. 여성들은 예부터 세계를 움직이는 힘을 갖고 있다는 것만 기억하자. 배후에 남자를 두었든, 스스로 성공했든 중요한 것은 그렇게 할 수 있는 능력이다.

뭐 어떤가. 퍼스트레이디의 후광에 가려 빛을 잃은 대통령이라고 하면 조금 심하게 들릴지도 모르지만 확실히 대중들은 마르코스보다 이멜다를, 후안 페론보다는 에비타를, 케네디보다는 재키를 더 기억할지도 모른다. 그리고 그들은 성공과 부유함의 상징으로 많은 신발과 스타일 그리고 명성을 얻었다.

# 4
## 너도 파티걸이
## 되고 싶니?

다이어트에 성공한 몸 위로 걸쳐진 최신 유행 스타일의 블랙 옷, 매끈한 다리에 신겨진 하이힐이 빛나는 금요일 밤. 세련된 음악이 흘러나오고 스타일에 죽고 사는 사람들이 있는 클럽에서 신나게 놀고 싶어진다. 서울의 홍대나 청담동 혹은 압구정, 강남역 인근과 같은 클럽 밀집지역에서는 'OO파티'라고 콘셉트를 달리해 자칭 패셔니스타라는 사람들을 끌어 모은다. 특히 요즘에는 힙합클럽보다도 하우스클럽에 트렌드 최전선을 달리고 있는 사람들이 몰리고 있는데, 이곳에는 DJ Ryoo(류승범), DJ Koo(구준엽), DJ 휘황 등 소위 말해 '간지' 나는 유명 연예인 출신 DJ들이 게스트 DJ로 출연하고, 입장료가 비교적 비싼 규모가 큰 파티의 경우 퍼포먼스 아티스트들을 데려와 화려한 쇼를 보여주는 등 마치 라스베이거스라는 환락의 도시를 샘플로 맛보여주는 착각을 불러일으키고 있다.

만약 클럽이 밀집한 곳에 적외선 광선을 쏘아보면 빨갛게 불타오르는 '핫 스폿hot spot'일 것이다. 이 흥미진진한 곳에 사람들의 감각적인 스타일링이 더해지면 '한번 빠지면 헤어 나올 수 없습니다'라는 공익광고 캠페인의 문구가 딱 들어맞는다.

오랫동안 클럽에 출입했던 나도 이십대 초반이 물결을 이루는 곳에서 '아직은 괜찮아, 저들이 나보다 훨씬 어리고 예쁘지만 기죽지 않아'라고 세뇌시키거나 영화 〈파니 핑크〉의 주인공처럼 '난 강하다. 난 예쁘다……' 따위의 자기암시를 걸기도 하지만, 클럽에서는 항상 눈요기가 되어주는 다양한 사람들의 패션, 심장을 자극시키는 음악, 춤으로 오감을 만족시키는 위안을 얻는다.

연말, 인터콘티넨탈호텔 하모니 볼룸에서 일렉트로니카 계열 최고의 거물 DJ인 베니베나시가 내한했을 때의 일이다. 전지현의 섹시댄스로 유명한 지오다노 CF의 배경음악을 오리지널 사운드로 느끼기 위해 자기가 보여줄 수 있는 최고의 모습으로 차려입은 자칭 셀러브리티들이 모였다.

반짝이다 못해 번뜩이는 새퀸 장식의 리틀 블랙 드레스, 스키니 진과 백리스 톱에 모두들 킬힐로 기나긴 밤을 옥죄고 있었고, 섹시한 신발과 어울리는 그녀들은 마음껏 하우스 스텝에 취해 있다. 게다가 화장실이라고 부르기에는 모욕적일 만큼 세련된 파우더룸에서 삼삼오오 모여 전형적인 한국인의 외모로 모국어가 영어인 것처럼 대화하는 일도 서슴없다. "남자친구가 여기 온 거 모르지?" "알면 죽었을 거야"와 같이 할리우드 로맨틱 코미디 영화 대사를 똑같은 억양으로 받아치면서.

화장을 고치고, 발이 아픈지 좁은 볼을 가진 하이힐을 고쳐 신는 그녀들의 신발은 하나같이 럭셔리 제품들이다. 멀리서 레드솔이 반짝였을 때만 해도 설마 했지만, 춤을 너무 신나게 춰서인지 홀의 카펫에 주저앉은 그녀가 벗어놓은 블랙 컬러의 페이턴트 소재 펌프스의 바닥에 새겨진 크리스찬 루부탱의 로고가 50미터 밖에서도 선명히 보였다. 아무리 크리스찬 루부탱이 레드솔의 의미가 "아직은 춤 출 시간이 있는 사람들을 위한 것"이라고 했다지만, 100만 원을 호가하는 그 신발을 껌, 술, 병균이 함유된 타액으로 얼룩진 홀에서 신고 놀 정도라면 할리우드 셀러브리티 못지않은 파티걸이 분명하다.

'와우, 이건 셀러브리티 스타일 따라잡기 놀이다!'

갑자기 "누구나 15분 동안 유명인으로 살아갈 수 있다"는 앤디 워홀의 재치 있는 말이 떠올랐다. 익명의 그들에게 클럽만큼 좋은 공간도 없다. 과감한 옷차림과 튀는 행동으로 타인의 시선을 사로잡으며,

일상보다는 특별해진 자신을 만날 수 있는 곳. 하지만 이 관심의 유효 기간은 너무 짧다.

어쩌면 이런 이유 때문에 원조 파티걸인 셀러브리티들은 사건, 사고를 일으키는 것일지도 모른다. 자기가 바비 인형인 줄 착각하는 금발의 상속녀와 남편 릭 살로몬이 섹스비디오를 찍은 걸 알게 된 〈비버리 힐즈의 아이들〉의 히로인 섀넌 도허티가 욕을 해대며 싸움을 해 가십난을 장식하는 것이나, 파티에서 잔뜩 술에 취해 음주운전을 하다가 리햅rehab(재활원)으로 직행하는 린제이 로한과 같은 파티걸들이 등장하는 것은 15분보다 더 긴 명성을 원하는 것이 분명하니까.

특히 오프라 윈프리 쇼에 출연하여 자신은 파티걸이 아니라 단지 친구들과 춤추러 다니는 걸 좋아하는 이십대일 뿐이라고 말한 린제이의 경우는 스페인의 이비자 섬같이 클러버들의 로망인 장소에서 디제잉을 시도하기도 하는 등 차원이 다른 파티걸의 모습을 보여주기도 한다. 린제이는 스컬 프린트의 스카프와 베스트, 페도라를 이용하여 록스타처럼 보이는 룩을 즐겨 입기도 하고, 브랜드 행사장과 같은 언론에 노출되기 위한 파티에 갔을 때 샤넬 드레스를 입지만 공통점은 늘 아찔한 굽 높이를 자랑하는 슈즈가 동반된다는 것이다. 그녀는 대체로 따라 하기 쉬운 클러버 스타일로 대중들의 호감을 산다. 즉 스키니 진에 킬힐을 매치하고 자극적인 멘트가 씌어진 셔츠를 입고 팔에

뱅글을 차고 머리를 풀어헤치는 것은 누구나 시도할 수 있다(옆구리의 샤넬 백은 따라 할 수 있는 사람만 할 수 있겠지만).

한편, 원조 파티걸인 패리스 힐튼은 때때로 시각 테러도 불사한다. 온몸을 레오파드 프린트로 감싸고, 신발도 똑같이 맞춰 한 마리의 치타가 되기도 한다(아이러니하게도 케이트 모스가 그런 식으로 입었을 때는 무척이나 스타일리시해 보였다). 또한, 온통 핑크로 몸을 덮었을 때는 구역질이 날 만큼 눈을 아리게 했다. 그러나 가끔 패리스도 티아라를 쓴다거나 제법 어울리는 리본 달린 원피스를 입었을 때는 정말 박수라도 보내줄 만큼 깜찍하다. 270밀리에 육박하는 큰 발에 신겨져 있는 그 보석 달린 신발까지도 말이다.

이들은 눈살을 찌푸리게 하는 문제를 자주 일으키지만 가장 스타일리시한 파티 스타일링을 보여주기 때문에 애증의 대상이 된다. 할리우드와 서울은 비행기로 10시간 이상의 거리지만, 인터넷 브라우저를 열고 검색창에 '린제이 로한 파티 스타일'이라고 입력하면 단 몇 초 후에 린제이와 똑같은 럭셔리 브랜드의 슈즈를 구입할 수 있기에 이곳은 이미 할리우드의 파티장.

파티에서 군계일학의 미를 과시하며 가장 섹시해 보이고 싶고, 사람들을 발아래 두는 묘한 우월감에 사로잡히고 싶다면 멋진 슈즈를 신자.

어두운 조명 아래 보이든 보이지 않든 태도 자체가 달라진 것을 확실히 느낄 수 있을 것이다. 어차피 짧은 밤, 한 번쯤 셀러브리티 기분을 느껴보는 게 뭐 대수인가!

# 5
# 셀러브리티들의
# 파트너

엔싱크 전 멤버인 귀엽고도 섹시한 팝 싱어 저스틴 팀버레이크가 캐머런 디아즈와 사귀었을 때도, 〈엄브렐러Umbrella〉를 밤낮으로 불러대는 리한나가 조쉬 하트넷과 사귄다는 기함할(?) 소식을 들었을 때도 난 아주 조금 흥분했다. 하긴 애쉬튼 커쳐와 데미 무어 같은 이모 조카뻘도 결혼에 골인했으며, 양어머니 미아 패로의 남자였던 우디 앨런과 사랑에 빠진 한국계 입양아 순이는 거의 영화 시나리오 수준의 스캔들인걸.

여기에 각종 루머를 조장하는 사람들을 향해 한판 붙어볼 테냐(싱글 〈피스 오브 미Piece of me〉)라는 내용의 곡까지 불러대던 브리트니 스피어스가 자신의 일거수일투족을 쫓아다니며 사진을 찍어대던 파파라치와도 사귀어서 정신 나갔냐는 소리를 듣는 판국이니, 드라마 〈The O. C〉의 극 중 커플인 세스와 서머(애덤 브로디와 레이첼 빌슨)가 실제로 연인이라는 소식은 귀엽기만 하다.

그 어떤 리얼리티 쇼보다도 흥미진진하고 예측 불가능한 반전을 가지고 있는 할리우드의 스캔들을 줄줄 꿰고 있을 만큼은 못 되어도 이 흥미진진한 할리우드의 '짝짓기' 행태보다 더 흥분되는 것이 있었으니, 바로 패션에 민감한 대다수의 스타들이 부와 명예를 번식시키고자 맺는 패션과의 뜨거운 관계이다.

제니퍼 로페즈는 자신의 애칭인 제이 로J.Lo로 패션 브랜드를 론칭하면서 과감한 쥬얼리에 보디라인을 드러낸 화이트 드레스를 입거나 트랙 슈트를 입은 그녀의 분신 같은 글래머러스한 모델들을 선보였다. 그웬 스테파니는 일본 하라주쿠에서 온 네 명의 댄서들을 기용하는 것도 부족해 '하라주쿠 러버스'란 브랜드를 만들며 일본에 대한 사랑을 상업적으로 이용하기도 한다. 이렇듯 팝 디바들이 자신의 취향대로 팬들을 꾸미려 하는 얄팍한 상술을 증오하면서도 편협한 시선의 소유자인 나는 케이트 모스가 톱숍과 계약을 맺어 디자인한다는 소식이나, 시에나 밀러가 자신의 여동생과 함께 트웬티8트웰브Twenty8Twelve이라는 브랜드를 론칭했다는 뉴스에는 복권에라도 당첨된 듯 탄성을 질렀다. 마치 밀라 요보비치가 요보비치-호크

Jovovich-Hawk를 론칭했을 때처럼.

물론 톱숍이라는 런던 브랜드가 국내에는 수입되지 않는다는 것과 시에나 밀러의 생일 12월 28일을 따서 브랜드 네임을 지었다는 트웬티8트웰브가 생각보다 꽤 비싸다는 것에 시무룩해 했지만, 따지고 보면 이는 스타를 내세운 마케팅에 불과하다.

어느 시대에나 스타일 리더는 있었고, 모든 제조업자들은 앞다퉈 패션 권력자들에게 특별한 아이템을 갖다 바친다. 마치 영화 〈마리 앙투아네트〉에서 옷감과 구두를 마음껏 사들이던 패셔니스타 왕비의 취향이 곧 유행이 된 것처럼. 그래서 패션에 영향력 있는 인물의 이미지를 빌려 브랜드를 론칭하는 것만으로도 수많은 추종자들에 의해서 곧 현금이 된다.

예전의 스타 마케팅이 단지 브랜드를 홍보하기 위한 단순한 협찬이었다면, 지금은 스타가 직접 브랜드를 만드는 시대다. 사실 진짜 디자이너는 따로 있고 그들이 몇 가지 디자인을 고르거나 이름 빌려주기 식이란 것은 빤하지만. 케이트 모스의 디자인이라고 하기에는 평범하게 느껴지던 톱숍에 실망하자(지금 케이트가 입는 옷 스타일을 카피한 것이 아닌 앞선 감각을 원했다), 스타가 디자인했다는 마케팅 전략의 브랜드보다는 실로 유행을 좌지우지하는 스타 패션 디자이너들이 H&M과 같은 상대적으로 저렴한 패스트 패션fast fashion과 콜라보레이션을 맺을 때 비로소 워렌 버핏의 가치 투자를 이해하게 된다(실제 가치보다 저평가된 주식이 이런 것이 아니고 무엇이겠는가).

단연 H&M의 게스트 디자이너 리스트는 역대 최고의 화려함을 자랑한다. 매 시즌 발표되는 컬렉션의 의상 중 가장 트렌디한 것을 재빨리 카피해 유통시키는 이 놀라운 브랜드는 실로 디자이너들의 적이 되어야 함이 분명한데도 지미 추, 칼 라거펠트, 빅터 앤 롤프에 스텔라 매카트니 등 이름만 들어도 탄성이 튀어나오는 쟁쟁한 디자이너들이 리미티드 에디션으로 구두, 티셔츠나 원피스 등에 그들의 감각을 불어넣으니, 출시 전부터 긴 줄로 인산인해를 이루고 매장 오픈과 동시에 품귀 현상은 당연한 수순이다.

그렇다면 우리 같은 슈어홀릭이 바라는 파트너십에 대해 생각해 보자. 바로 비비안 웨스트우드와 나인웨스트의 스토리가 대표적이지 않을까. 벨트가 세 개 달린 로만 슈즈는 '김민희 슈즈'라는 애칭도 있을 만큼 잘 알려진 디자인. 하지만 꽤나 고가이다. 이걸 갖고 싶고, 돈은 없는데, 가품도 사고 싶지 않다면? 나인웨스트에서 출시된 비비안 웨스트우드의 신발은 어떨까. 100퍼센트 똑같지는 않지만, 네임 밸류 대비 저렴한 가격에 나도 비비안 웨스트우드를 신은 소녀라는 생각에 행복해질 수 있다.

구두는 자존심이 세다. 스타를 따라다니는 게 아니라, 스타가 구애

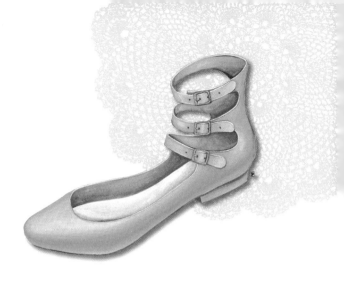

하게 만드니까. 지미 추를 단숨에 유명하게 만들어준 고故 다이애나 왕세자비, 마돈나의 '섹스보다 좋은' 마놀로 블라닉은 다시 말하기도 입 아프고 말이다. 제길! 걸쭉한 셀러브리티들의 입담 덕분에 착한 가격으로 그들을 가질 기회는 없어지기는 했지만, 구두와 달리 스니커즈는 스타를 가뭄에 물 바라듯 원한다. 아디다스는 미시 엘리엇이나 스텔라 매카트니처럼 팝 싱어부터 패션 디자이너까지 가리지 않고 협업하며, 나이키가 유명한 농구선수들의 이름을 붙인 시리즈를 내놓는다는 것은 잘 알려져 있다.

마놀로 블라닉이나 지미 추에는 특정 인물의 이름이 붙은 디자인은 없다. 다만 '캐리가 사랑하는' 정도의 수식어가 붙는다. 물론 오드리 햅번의 이름이 붙은 페라가모의 오드리 슈즈는 있지만 대부분 슈 메이커의 이름 그 자체만으로도 품격이라는 것과 동의어로 간주된다.

셀러브리티가 스타일 아이콘이 되는 종착역은 특정 아이템의 고유명사가 되었을 때이다. 예를 들어 에르메스의 제인 버킨을 위한 버킨 백이나 모나코 왕비 그레이스 켈리의 켈리 백은 매우 유명한 경우이고, 구찌가 재클린 케네디의 재키 백을 내놓은 것이나 최근에 마크 제이콥스가 제시카 스탐이란 베이비 페이스의 모델 이름을 딴 스탐 백을 출시해 굉장한 유행을 만들어내는 것과 같이.

자주 애용해서, 혹은 그 스타에게 영감을 받아서 디자인되어 별칭을 가진 백은 이렇게 많은데 유독 구두에서만큼은 특정인의 이름이 붙은 경우를 거의 찾아볼 수 없다는 것은 조금 아이러니하다. 그만큼 완성도 높은 프리미엄 슈즈 브랜드일수록 하나의 예술품처럼 누가 제작했는지에 대한 메이커의 이름이 우선시되는데, 이렇게 소장자 이름이 그저 품격을 높여주는 리스트에 불과한 영역도 없을 것이다. 그래서 나 같은 사람은 그 콧대 높음으로 인해 더더욱 갖고 싶은 욕망에 안달나지만.

# 6
# 미스터 루부탱,
# 농담하지 마세요!

할리우드가 바빠지는 시기는 아카데미 시상식이나 MTV 뮤직어워드가 개최될 때 아닐까? 이 시기의 모든 이슈는 올해의 수상이 예상되는 후보가 무엇을 입고 레드카펫에 등장하는지에 초점이 맞춰진다. 내가 기억하는 최고의 레드카펫 드레스는 1999년도 기네스 펠트로가 영화 〈셰익스피어 인 러브〉로 아카데미 여우주연상을 받을 때 입었던 랄프 로렌의 핑크빛 드레스이다. 새하얀 피부의 전형적인 앵글로색슨계 백인 상류층 WASP(White Anglo-Saxon Protestant) 이미지인 기네스 펠트로는 깔끔하게 빗어 묶은 블론드 헤어에 심플한 디자인과 우아한 톤의 핑크 컬러 드레스로 고상하고 부유한 이미지를 남겼다. 그 뒤 2005년에 힐러리 스웽크가 영화 〈밀리언달러 베이비〉로 아카데미 여우주연상을 받았을 때 입었던 백리스 디자인의 심플한 기 라로슈 드레스도 생각난다. 내게 강렬한 인상으로 남았던 레드카펫 드레스는 결국 눈이 아린 화려함 대신 심플한 라인에 은근한 우아함과 섹시함이 묻어나는 것들이다.

레드카펫에는 2007년을 전후하여 미니드레스 열풍이 분다. 휘청휘청거릴 만큼 긴 자락을 휘날리던 드레스 대신에 섹시하거나 귀여운 미니드레스라니! 이는 아마도 미샤 바튼이나 린제이 로한 같은, 틴에이저를 대변한다고 생각하는 스타들의 인기몰이와 더불어 그즈음이 1960년대 스타일을 재해석한 시기로 미니 열풍이 불었기 때문이다.

다리 선을 강조하는 것은 섹시함의 상징이 된다. 크리스티나 아길레라가 헴 라인에 레이스가 달린 미니드레스에 신은, 섬세한 턱 장식을 잡아 만든 오픈 토의 아찔한 높이의 스틸레토가 눈에 들어왔다. 솔 sole은 레드로 번쩍였는데, 레드카펫 위에서 레드를 입는 것은 워스트 드레서로 가는 지름길이라고 말하는 몇몇 패션 전문가들의 견해를 짓밟아보자는 의도였을까? 크리스티나는 모양 좋은 다리를 드러내며 레드 컬러 드레스와 블론드 헤어가 아우라를 발산하는 고혹적인 여신처럼 존재했다. 160센티가 안 되는 그 작은 키를 여신으로 탈바꿈시켜준 것은 바로 반짝이는 레드솔이 트레이드마크인 크리스찬 루부탱의 가보시힐Covered platform peep-toe pump.

미스터 루부탱은 굽이 너무 높지 않냐는 물음에 이렇게 말한다.

"LA 여자들은 많이 걸을 일이 없기 때문에 높은 굽도 괜찮아요."

농담이시겠지. 보통의 LA 여자가 아닌 할리우드 셀러브리티들에게 하는 말이 분명하다. 그래서 그들은 레드카펫뿐만 아니라 현실에서도 루부탱을 즐겨 신는다. 특히 키가 작은 스타일수록 그 선호도는 더욱 높다.

루부탱이 워킹슈즈로서 가능한 까닭은 소위 말하는 감춰진 플랫폼 힐이 앞쪽에 대어져 있어서 체감 높이가 안정적이기 때문이다. 게다가 심플한 실루엣으로 여러 옷에 매치가 잘 되어 실용적이기도 하다. 모순처럼 느껴지는 말이지만 잘 살펴보면 그 비밀을 알 수 있다. 멀리서도 루부탱 슈즈를 알아볼 수 있는 것은 바로 홍창, 레드솔red sole이다. 베이지색 밑창의 지루함을 깨고 싶었기 때문에 빨간 밑창을 선택했다고 한 루부탱은 그의 비서가 빨간색 네일 에나멜을 바르고 있는 모습에서 영감을 얻었다고 한다. 또한 루부탱은 어퍼 레더upper leather 역시 반짝이는 페이턴트 소재를 즐겨 사용한다. '레드솔이 포인트인 블랙 페이턴트 소재의 가보시힐 핍 토 펌프스'는 셀러브리티들이라면 누구나 하나쯤 가지고 있고, 이를 카피한 제품이 수도 없이 쏟아졌던 스테디셀러로 루부탱의 시그니처이다.

이처럼 군더더기 없는 화려함으로 루부탱은 많은 스타 군단의 추종을 받고 있다. 시상식이나 행사장을 수놓은 신발들 중에 루부탱이 꽤 많이 발견되는 건 물론이다. 미국 부동산 재벌 도널드 트럼프의 현재 아내인 멜라니아 트럼프 또한 루부탱의 구두를 즐겨 신지 않던가. 모델 출신 멜라니아 트럼프처럼 키가 큰 사람도 즐겨 신지만, 그 누구보다 대표적인 단신 스타들은 루부탱을 리얼 스트리트에서도 줄기차게 신는다. 157센티미터의 올슨 자매와 니콜 리치는 루부탱 마니아라고 불러도 좋을 정도다. 깡마르고 거식증이 있다는 공통점을 가진 이 셀러브리티들은 파파라치를 통해 루부탱을 스키니 진이나 미니드레스에 매치하는 모습을 쉽게 보여준다. 쇼핑할 때도, 남자친구와 거닐 때도, 야외에서 브런치를 즐길 때도 심심치 않게 루부탱과 함께한다고나 할까.

이들의 심정을 십분 이해한다. 나 또한 성장판이 닫히기 전에 무슨 약이라도 먹었어야 했음을 애통하게 생각하고 있으니까. 작은 키로 인해 하이힐을 선호하는 것은 콤플렉스의 극복이라고 할 수 있다. 우리라고(미안, 나도 모르게 셀러브리티와 동급 카테고리로 묶어버렸다) 랑방 플랫 슈즈를 신고 거리를 걷고 싶지 않겠는가. 다만, 윗 공기를 마시고 싶을 뿐이다. 사람들을 내려다보는 것은 바라지도 않는다. 눈높이라도 맞았으면 좋겠는걸!

나는 쇼걸과 뮤직홀에 흥미가 있습니다.

I'm interested in showgirls and music halls
− 크리스찬 루부탱Christian Louboutin(구두 디자이너)

"왜 높은 굽을 좋아하세요?"라고 물을 때, "당당해지고 자신감이 넘치게 느껴지니까요"라고 대답하는 뒤에는 솔직히 '키가 커 보이니까요'라는 속내가 들어 있다. 그래서 단신인 사람들이 플랫 슈즈를 신으려면 하이힐을 신는 것보다 더 많은 용기를 필요로 한다.

레드카펫에서는 키의 크고 작고에 상관없이 무조건 하이힐이다. 미니드레스가 유행하는 것과 비례해서 다리는 길어져야 하니까 더더욱. 즉, 높은 게 좋은 거다. 이것이 바로 단신 셀러브리티들이 온 거리를 레드카펫으로 생각하는 이유다. 하지만 우리에게는 키 차이를 떠나 할리우드 셀러브리티와 다른 점이 있다. 서양인들은 두상이 작다. 그래서 키가 작아도 충분히 균형 잡힌 몸매로 보이나, 동양인은 두상이 크기 때문에 황금비율이 되려면 키가 커야 한다. 미의 기준이 지금은 서양인이 기준이므로 전세계가 턱 깎는 고통으로 신음하고 있다 해도 어쩔 수 없다. 인식의 변화가 일어나기 전까지는 보기 좋은 모양새를 갖추기 위해 10센티미터의 굽도 불사하고 신어야 하는 것이다.

루부탱의 가격이 거의 100만 원 안팎으로 매겨져 있음을 감안할 때, 할리우드 스타들처럼 재력이 막강하지 않다면야 큰맘 먹지 않으면 불가능한 컬렉션이다. 그러니까 계속 들고 다닐 수 있는 마크 제이콥스의 가방과 루부탱의 구두 중 고심하는 현상까지 발생할 수 있다고 할까. 하지만 이 고가의 루부탱을 꼭 손에 넣고 싶을 시기를 기다리고 있다면? 가장 추천하고 싶은 것은 자신의 레드카펫을 밟을 때이다. "스타도 아닌데, 언제 레드카펫을 밟나요?"라고 묻는다면, 글쎄 컬러는 화이트지만 버진 로드도 있다는 것을 기억하자.

스타들이 레드카펫을 연기 인생 정점에 섰을 때 밟는다고 한다면, 버진 로드도 여자의 일생에서 행복의 정점이라고 생각할 수 있다(물론 결혼을 거부하는 골드미스들의 생각은 다르겠지만). 그때 웨딩숍의 무시무시한 플랫폼 슈즈를 신고 긴 드레스 자락으로 가리는 것은 생각만 해도 정말 촌스럽다. 차라리 고가의 드레스보다 고가의 웨딩슈즈를 선택하라. 화이트 새틴으로 섬세하게 주름을 잡은 루부탱의 핍 토 슈즈는 완벽한 해답이다. 기념 슈즈가 될 수도 있을뿐더러 정말 셀러브리티의 웨딩이라도 하는 것처럼 최고의 기분을 느낄 수 있을 것이다. 게다가 결혼식이 끝나도 계속 실용적으로 신을 수 있으니 훨씬 이익이다. 물론 웨딩드레스는 루부탱이 잘 보이도록 폭이 좁은 것을 선택해야 하고 말이다. 초호화판 결혼식을 못한다고 속상해할 필요 없다. 인생의 중요한 순간에는 아찔하고 아름다운 초호화판 슈즈를 가지면 되니까. 루부탱은 기본적으로 레드솔이라는 레드카펫 위에 존재하는 유일한 슈즈다.

# 7
## 상속녀의
## 아찔한 고백

'알파걸'이 미디어에 등장했을 때, 이제 '성인 여성을 향한 슈퍼우먼 콤플렉스가 낭창낭창한 십대 소녀들에게까지 전이되었군'이라는 생각이 먼저 들었다. 동시에 짧은 플리츠스커트를 입고 하얀 테니스화를 신은 채 라켓을 휘두르는 역동적인 모션의 샤라포바가 왜 연상되었는지는 모르겠지만, 나에게 알파걸이라는 단어가 주는 뉘앙스는 그런 모습이다.

사실 한국의 십대들 대다수는 알파걸로 만들어주겠다는 의욕적인 부모를 동반하지만, 결국 일등은 재력가 혹은 엘리트 집안의 소수에게 훨씬 쉽게 허용됨을 알게 된다. "일등만 기억하는 더러운 세상"이라고 욕하며 알파걸에 뒤처진 베타걸로 남을 것이 아니라, '이인자의 삶'을 살면서 알파월드에 사는 사람들을 추격하는 것도 충분히 매력적인 일이다.

요즘은 날 때부터 주식을 물고 태어난다는 소리를 한다. 한마디로 자본주의 사회의 계층구조는 자산 보유 현황에 따라 '크샤트리아'인지 '바이샤'인지로 구분되는 것. 드러내놓고 돈 냄새를 풍기며 살인 물가를 자랑하는 청담동이나 압구정동을 거닐다보면 하나같이 뽀얀 피부에 잘 가꿔진 몸매, 한눈에도 고가로 보이는 '잇 백'을 든 그녀들이 지나다닌다. 때로는 빨간색 페라리에서 내리기도 하는 입 벌어지는 상황을 연출하면서……. 다만 아쉬운 점이 있다면, 이들은 부유해 보이나 아우라가 1퍼센트 정도 부족하다. 그 풍요로움 뒤에는 그저 중학생일 때부터 로베르토 카발리의 캐시미어 니트를 사다주는 어머니를 두었고, 골프 클럽에서 자꾸 가입하라는 전화가 와서 귀찮다며 볼멘소리를 할 뿐, 당당함의 카리스마나 사람들을 끌어당기는 흡인력은 없었던 게다.

솔직히 한국에는 드러내놓고 상속녀임을 자처하는 사람은 없다. 물론 암암리에 젊은 감각으로 가업을 잇는 상속녀들은 존재한다. 애비뉴엘과 갤러리아 백화점을 비교하며 모두 각 기업의 상속녀들이 성공적으로 기획한 것임을 알려주는 신문기사를 보았을 때, 언론 플레이를 하지 않는 한국의 상속녀들이 버젓이 훌륭한 사업가 마인드로 무장되어 어딘가에 존재하고 있음을 알게 되었다. 난 또, 제일모직의 상무가 우리나라 유일한 상속녀인 줄 알았다. 이처럼 여성을 타깃으로 하는 패션·뷰티 사업에서 집안 배경을 등에 업고 성공한 케이스는 외국의 잘 알려진 상속녀들과 다를 바가 없다.

내가 지면에서 제일 처음 만난 인상적인 상속녀는 하이힐에 검정색 캐시미어 니트를 입고 블랙 컬러 에르메스 버킨 백과 스타벅스 테이크아웃 커피를 들고 〈뉴욕타임스〉를 끼고 있는 전형적인 뉴요커 에이린 로더이다. 패밀리 네임에서 알 수 있듯이 화장품으로 유명한 기업 에스티 로더의 손녀인 에이린은 가업을 잇기 위해 여러 가지 아이섀도 색상이나 향수 샘플에 빠져 살고, 행복한 가정의 느낌을 광고 콘셉트로 기획하는 등 열정적인 모습이 아름다운 여자다.

흔히 미스코리아 평가 기준을 진, 선, 미라고 한다. 지적이고 아름답고 마음까지 선량해야 최고의 미녀가 될 수 있다는데, 마음이 선량한지는 아는 바 없지만 이반카 트럼프가 바로 그 케이스에 부합된다. 리얼리티 쇼 〈어프렌티스Apprentice〉의 "넌 해고야! You're fired!"로 유명한 부동산 재벌 도널드 트럼프의 딸인 이반카는 부유함을 타고났지만 어머니 이바나 트럼프의 가르침대로 어려서부터 돈을 벌기 위해 무얼 해야 하는지를 깨달았고, 수려한 외모로 모델 활동을 해 자립했다. 그뿐 아니라 와튼 경영대학원 석사 출신의 지적인 면모를 어필하

기도 했다. 정말 '열심히 사는 이반카'라고 별명을 붙여야 할 것 같다.

지금 소녀들의 워너비 직업인 패션계의 상속녀들은 어떨까? 미국과 파리의 〈보그〉 편집장을 각기 맡고 있는 안나 윈투어와 카린 로이펠드의 딸들도 엄마의 막강한 지원 속에 〈틴보그〉의 기자 인턴십(안나 윈투어 딸 비 셰퍼)을 하거나 패션광고 아트 디렉터(카린 로이펠드의 딸 줄리아 레스토앙 로이필드)를 꿈꾸는 등 차세대 패션피플로 성장해 나가고 있다. 여기에 베르사체의 주식 50퍼센트를 물려받은 재벌이지만, 거식증에 시달리는 도나텔라 베르사체의 딸 알레그라도 있다. 엄마 도나텔라의 패션 센스를 운운하며 미스식스티 청바지를 자랑하던 그 천진한 십대는 어디로 갔단 말인가. 안타까운 케이스이다.

비단 기업이나 미디어의 상속녀가 아닌 록스타의 딸들도 특혜를 입는다. 비틀스의 폴 매카트니의 딸인 패션 디자이너 스텔라 매카트니가 세인트 마틴 패션 디플로마를 이수했을 때, 케이트 모스와 나오미 캠벨이라는 예나 지금이나 톱모델이 쇼에 등장했으며 함께 축하파티를 하기도 했다. 게다가 리얼리티 쇼 〈심플 라이프〉에 출연한 것과 패리스 힐튼의 자서전과 비슷한 유의 책을 출판했다는 것 외에는 사업가적 마인드를 찾아볼 수 없는 니콜 리치도 (양)아버지 라이오넬 리치의 후광으로 타블로이드 신문에 오르내린다. 하지만 그게 다일까? 스텔라 매카트니가 디자인한 옷이 섹시하고, 고급 양복점으로 유명한 새빌 로Savile Row에서 오랜 견습을 거친 노력파라는 것을 알아야 한다. 게다가 채식주의자인 그녀가 가죽 대신 선택한 합성가죽이나 캔버스 소재의 구두들도 멋지다는 걸 인정해야 하고 말이다. 니콜 리치 또한 〈심플 라이프〉 출연시 통통한 몸매가 힐튼과 비교당하자 피골이 상접하도록 다이어트하는 숨은 고통이 있었기에 거식증으로 유명세를 탔던 것이다.

"이런, 모든 걸 다 가졌다니 신은 불공평해!"라고 외치기에는 그녀들이 거머쥔 왕좌라는 게 후광이 전부가 아니라는 것을 알게 되었다. 사실 가난이란 이름의 상속은 재산이 없어서라기보다 부모가 가난해지는 법을 자식들에게 알게 모르게 주입시키는 것이 바로 그 이유라고 하지 않던가. 심지어 생각 없어 보이는 것이 콘셉트인 패리스 힐튼도 결코 상속받은 돈으로 사는 것은 아니다. 그녀도 영화에 출연하고, 의류 브랜드 카탈로그를 찍고, 음반을 내고, 향수를 론칭하는 등 갖가지 사업에 손을 대 이윤을 창출하고 있다. 동생인 니키 힐튼도 패션과 호텔 사업에 손을 대고 있다. 그러니 그들이 노는 것은 그냥 노는 게 아니라 돈을 벌기 위한 또 하나의 수단일 뿐이었던 것이다.

쉽게 비유해 부모를 잘 만나 좋은 신발을 신을 수 있었던 이들이 이제 스스로의 힘으로 좋은 신발을 신고 있다. 물론 이렇다 할 후광이 없는 극히 평범한 사람에게는 저 세상 저 너머 어딘가의 이야기일 테

지만, 진정한 가십의 여왕 패리스 힐튼은 《상속녀의 고백》이란 자서전(자서전이란 뭘 좀 이룬 사람들의 이야기라는 선입견에서 벗어나게 해준)에서 이렇게 말한다. "상속녀처럼 행동하라. 거기에서 나온 자신감이 당신을 상속녀처럼 만들어줄 것이다."

두 가지 다 가진 게 없다고 서러워할 시간은 없다. 외모를 가꾸자니 돈이 바닥나고, 돈을 모으자니 외모가 관리 안 된다는 사람들. 두 마리 토끼를 동시에 잡는 것은 의외로 간단하다. 분수에 안 맞을 만큼 아찔하고 높은 멋진 슈즈 하나를 사는 것이다. 마치 44사이즈의 청바지를 미리 사두고 그걸 입기 위한 목표의식 하나로 다이어트를 하는 것처럼. 그 신발이 잘 어울리는 사람이 되기 위한 무한 노력은 그때부터 시작된다.

나 또한 상속녀의 마음을 가지려고 노력한다. '부숴버리겠어'라고 외치는 드라마 〈청춘의 덫〉의 여주인공 같은 독한 마음이라기보다 보이는 것이 전부인 시대에 '나'라는 이미지를 어떻게 포장할지에 대한 노력에서 말이다. 인간관계에서 가장 무서운 것은 선입견이다. 나를 이미 일정 기준으로 판단해 버린 사람들의 편견을 고치는 것은 매우 어려운 일. 그러니 매사에 당당하게 행동하고, 보이는 것보다 더 많은 걸 가지고 있는 것처럼 여겨지게 만드는 것이 바로 알파걸의 모습이자 상속녀의 숨은 노력 아닐까?

　나의 상속녀용 슈즈는 은은하게 빛나는 실버 컬러 램 스킨의 아찔한 굽을 가진 슬링백 스타일 스틸레토. 구찌의 12센티미터 정도의 힐이다. 다만 탐이 나서 구입한 그 멋진 슈즈는 언젠가 격조 높은 파티에 초대받는 순간 신어야겠다고 막연히 생각한다. 사실 그 스틸레토는 10분 이상 신고 있으면 현기증이 나고, 몸의 하중이 발의 중심에 쏠려 고통스럽다. 아무리 집에서 걷는 연습을 해도 말이다. 그래서 난 누군가 가보시가 대어진 신발이 아닌데도 12센티미터 정도의 힐을 신고 뛸 수 있다는 말에 콧방귀를 뀌고는 한다. 하지만 상속녀들은 어떤 신발도 신을 수 있다. 그들은 10센티미터가 훨씬 넘는 신발을 신어도 오래 걸을 일이 없고, 언제나 부축해 줄 수행원이 따라다니기 때문이다. 그런데 중요한 것은 그들도 그런 우아함을 발휘하기 전까지 백조처럼 수면 아래서 조용히 끊임없이 발차기를 해야 했던 준비기간이 있었다는 것이다. 오히려 명성에 걸맞게 행동해야 한다는 스트레스가 일반인보다는 더 심했음이 분명하다.

언젠가 그 신발을 신고 우아하게 차에서 내리는 나를 상상한다. 물론 드라이빙 슈즈에서 갈아 신는다는 중간단계가 있긴 하다. 왜냐하면 평범한 이에게는 후광이 없기에 자체 발광發光이 필요하기 때문. 그러다 진짜 발광發狂하면 곤란하겠지만, 스스로 모든 걸 해결하기 때문에 나 대신 운전할 기사는 필요 없다. 내가 운전하는 내 인생에서 스스로 상속녀의 자격을 부여한다면 그것이 바로 나의 성공이자 앞으로 후대에 물려줄 위대한 유산이 될 것이다.

# 8
# 가십걸
## vs
# 오렌지카운티걸

'미모와 돈을 모두 갖고 태어났다면 정말 멋진 인생이 보장될 텐데' 라고 생각하며, 오늘 새로 돋아난 여드름의 개수 따위를 세는 것이 이 세상에서 가장 비통한 일이라고 여긴다면, 글쎄 누구나 원하는 모든 걸 다 가졌지만 그걸 당연하게 생각해서 불행한 틴에이저가 존재한다는 생각으로 위안을 얻자.

나 또한 한국에서 십대를 거쳤다. 어쩔 수 없이 똑같은 교복을 입어야 했으므로 그 대신 헤어핀이나 구두와 스타킹 컬러, 가방에 집착하며 어떻게 하면 남과 다르게 꾸밀 수 있는가와 학생주임 선생님의 눈을 피하는 방법을 동시에 연구하던 십대. 〈보그〉를 읽으며 갖고 싶은 것을 스크랩하는 평범한 소녀로 말이다.

'나이키 운동화에 미우미우 원피스를 입고 소니 CD 플레이어로 스파이스 걸스의 〈워너비Wanna be〉를 들으며 롤러블레이드를 타는 센트럴파크의 소녀들.'

1990년대 후반, 〈보그〉에 기재된 뉴요커에 대한 칼럼에 적힌 특정 문장에 사로잡혀 오랜 기간 스타일리시하고 자유로운 센트럴파크의 소녀를 일러스트레이션으로 그리며 틴뉴요커에 대한 환상을 키우기도 했다. 그리고 십대를 졸업한 지 한참 된 지금, CWTV 미국 드라마 〈가십걸〉은 그토록 동경했던 부유한 십대 뉴요커의 모습을 과장된 이미지로 보여주며 눈을 뗄 수 없게 만든다.

특히 소녀적 감수성으로 리본을 좋아하고, 헬로 키티나 핑크색에 열광하는 키덜트 기질이 있는 내게(다행히 '공주병'과 '걸리시'를 구별하는 본능적인 감각은 존재한다) 〈가십걸〉의 패션은 십대 때 동경하던 틴뉴요커의 모습이 현실화된 것이니 매력적일 수밖에. 블레이크 라이블리가 분한 세레나처럼 교복에 코치 부츠 같은 건 신을 수 없지만, 컬러만 다른 살바토레 페라가모의 마리사 백을 등교용 가방으로 사용하는 유색인종(이렇게 말하는 거 자체가 인종차별로 들린다는 거 안다) 친구들이 될 수도 없지만, 블레어의 리본 헤어밴드는 누구나 착용할 수 있는 '따라하기 좋아' 아이템이다.

〈가십걸〉은 뉴욕의 어퍼이스트사이드에 살고 있는 부유한 십대들의 이야기로 세실리 본 지게사의 동명소설이 원작인 드라마다. 돈과 권력을 갖고 있는 재력가인 부모를 두었기에 뭐든지 다 할 수 있는 그들을 둘러싼 소문을 '가십걸'이라는 블로거가 다양한 제보를 토대로 말하면서 드라마는 시작한다. 전세계의 어느 학교에나 모두의 관심을 한 몸에 받는 교내 유명인은 있듯이 어퍼이스트사이드의 셀러브리티는 바로 미와 부를 지닌 세레나와 블레어란 두 여왕벌.

공부에 올인하는 한국의 수험생과 달리 뉴욕의 상류층 십대 소녀들은 새를 살리기 위한 모금 파티를 개최하는 등 사교활동 모습을 더 많이 보여주고, 다양한 파티에서 알코올을 섭취하며 여느 성인 못지않은 연애(물론 블레어가 첫경험을 하기까지 다양한 에피소드는 존재했지만)를 한다. 십대가 어른처럼 보이고 싶어 하는 욕구 정도가 아니라 외관은 이미 성인으로 극도로 세련된 옷차림을 한 뉴요커이다. 아주 부럽게도 우리가 십대 때 어른들 몰래 그런 일을 꾸몄다면 그들은 어른들의 동의하에 패셔너블하게 꾸민다. 옷과 구두, 메이크업까지 모두 다.

겉보기에 모든 걸 가진 블레어는 예일대학에 지원할 예정으로 그녀의 미래는 탄탄대로일 것 같다. 하지만 모든 것에서 완벽할 수는 없는 법. 남자친구 네이트는 그녀의 단짝친구 세레나와 바람피운 적이 있고, 마놀로 블라닉을 생일선물로 사주는 다정한 아빠는 커밍아웃을 선언함과 동시에 엄마와 이혼하고 프랑스인 미남 모델과 결혼했다.

이 복잡한 가정사 때문인지 블레어의 스쿨걸 룩은 결코 여유롭고 편안한 랄프 로렌 분위기의 프레피 룩이 아니다. 유명한 패션 디자이너의 딸로 등장하는 만큼 블레어는 교복에 컬러풀한 스타킹과 플랫 슈즈를 매치하는 기발함을 보이는데, 원래 유럽 스트리트 시크에서 흔히 찾아볼 수 있었던 이 빈티지 스타일이 지극히 상류 자제의 패션 요소로 둔갑될 수 있었던 것은 단정한 면모에 반항적인 기질을 숨기고 있는 블레어란 캐릭터 때문일 것이다. 여기에 고혹적인 웨이브 헤어도 한몫 했는데 이를 가십걸이란 블로거의 내레이션을 빌려와 묘사해 보면 이렇다.

"안녕, 여러분! B(B는 블레어의 이니셜)는 여전히 체크 패턴의 교복 스커트를 입고 있어. 그런데 B가 입으니까 전혀 지루해 보이질 않네. B의 엄마가 파리 컬렉션에서 선보인 재킷을 위에 걸치고 어제 바니스에서 쇼핑한 클로에 가방과 B의 게이 아빠가 생일선물로 준 마놀로 블라닉의 구두를 신었으니 당연해. 하지만 B는 그걸 특별하다고 여기지 않아. 그건 너무 당연하거든.

너는 나를 사랑하잖아. XOXO, 가십걸."

미국 동부지역의 걸들이 폐쇄적인 느낌이 든다면, 확 트인 바다가 매력적인 서부지역의 상류 십대도 만나보자. 〈The O. C〉는 〈가십걸〉의 제작진이 앞서 만든 드라마로 캘리포니아 중간쯤에 위치한 부촌인 오렌지카운티에서도 뉴포트비치에 사는 상류층 자제들의 이야기다. 세레나를 사랑하는 〈가십걸〉의 서민(?) 남자 댄처럼 〈The O. C〉에서도 라이언이라는 빈민(?) 남자가 등장해 상류층 속에서의 삶을 경험한다. 물론 라이언이 내린 결론은 '뉴포트비치(부유한 동네)나 치노(가난한 동네)나 다르지 않다'로 삶의 질은 다를지언정 문제가 있기는 매한가지라는 것. 하지만 엄연히 〈The O. C〉와 〈가십걸〉 사이에 다른 점은 존재한다. 따뜻한 캘리포니아에 답답한 교복은 없다는 점이다.

미샤 바튼을 스타 반열에 올려놓은 마리사라는 캐릭터는 교내 최고 미인이자 부유한 집안 자제답게 청바지에 샤넬 숄더백과 역시 샤넬 트위드 재킷 그리고 플랫 슈즈를 신고 다닌다. 김남주와 같은 국내 스타가 먼저 선보였다고 생각한 그 코디네이션이 실은 저 멀리 할리우드의 틴에이저에게 비롯된 것이라니 흥미롭다. 방과 후에는 집 안에 있는 수영장에서 예쁜 비키니를 입고, 따사로운 햇살을 받으며 태닝하는 모습은 정말 여유로움 그 자체다. 그 이면에는 코카인을 하고 술을 마시며 비키니 차림의 파티를 즐기기도 하는 면도 존재하지만, 그들의 삶 자체가 부럽지 않다고 어찌 말할 수 있겠는가. 그래서 실제 오렌지카운티 상류층 십대들의 모습을 담은 〈라구나 비치Laguna Beach〉라는 리얼리티 프로그램도 있었다고 하니 미국에서도 그 부러움과 호기심이 어느 정도였는지 짐작할 수 있겠다.

교복이냐 사복이냐에 관계없이 미국의 십대에게는 자신의 옷차림을 마음껏 스타일링할 수 있는 기회가 주어진다. 드라마 속에서나 그러는 것 아니냐고 반박한다면, 비록 약간 과장은 되었겠지만 SF 드라마가 아니니 실상과 전혀 다르지는 않다.

십대에게 가장 중요한 것은 당연하게도 미래에 대한 설계와 그 목표를 이루기 위한 준비일 것이다. 하지만 그쪽으로 너무 치우치다 보면 자신을 돋보이게 하기 위해 어떻게 옷을 입어야 하는지 감각을 잃어버리는 기이한 현상이 일어난다. 십대 때 엄마가 골라준 옷을 무비판적으로 수용한다면 더더욱 구제할 길이 없다(어른들이 이상하다고 평가하는 스타일이 사실상 최고의 패션임을 기억하라). 십대 때는 다른 것처럼 스타일에서도 정체성을 갖추어나가야 하는데도 보수적인 어른들은 공부 못하는 애들이나 '옷 타령'(이건 또 어떤 지방에서 내려오는 타령이란 말인가) 한다고 생각한다. 그래서 패션에 대한 관심을 한껏 죽여야만 했던 아이들은 고등학교 졸업 또는 대학이라는 자유로운 벌판에 당도했을 때, 주저 없이 남들과 똑같이 입게 된다. 마치 제2의 교복처럼. 멋을 내고 다니면 무조건 '날라리'가 되는 것일까? 중요한 건 자기 통제 능력이다. 그러니 남들과 비슷하게 입는 것을 가장 안전하게 생각하는 개성 없는 사람으로 자라난 탓을 사회에 돌릴 수밖에.

십대 시절, 교복의 틀 안에서 유일무이하게 집착할 수 있던 아이템이 구두였기에 지금까지도 그 집착이 계속되는지도 모른다. 궁색한 변명처럼 들리겠지만, 나의 십대는 '스무 살이 넘으면 어떤 것을 사서 어떻게 입고 싶다'로 끝났으니 차라리 동정해 달라. 그렇게 대학에 입학한 스무 살이 되던 해, 난 제일 먼저 예쁜 크림빛 슬링백 펌프스를 샀다. 힐 높이는 5센티미터였지만, 지금부터 시작이라고 생각했던 기억이 아직도 새록새록하다. 그 후, 해마다 1센티미터씩 굽을 높여 신어 지금은 10센티미터를 기본으로 신을 수 있는 경지에 도달했다.

소녀들이 엄마나 언니의 것이 아닌 오로지 나만의 하이힐을 갖는 것은 바로 성숙한 여성이 되었다는(혹은 되어간다는) 상징이라고 생각한다. 또한 그 순간부터 스타일 정체성을 키워가는 첫걸음을 내딛는 것일 터이다. 이런, 미국에서 십대 때 시작할 일을 우리는 스무 살부터나 공식적으로 시작할 수 있다니 정말 구식이다.

# 9

## 나도 해러즈의
## 문을 닫게 하고파

쇼핑, 해도 해도 지치지 않을 여자들의 고유 영역이여! 이렇게 시조 한 수 읊을 수 있는 것은 이렇다 할 취미가 없는 내게 쇼핑은 유일한 소일거리이자 삶의 행복이기 때문이다. 그러니까 멋지게 차려입고 쇼핑하러 가는 것과 기발하게 입고 클러빙을 즐기는 것을 빼면 심플한 내 인생에 궁극적으로 추구하는 것이 무엇인가라는 심오한 물음이 남을 수도 있겠다. 마치 '인간이 추구하는 모든 행위의 궁극적인 목적은 바로 쾌락'이라 설파하는 에피쿠로스 학파의 정신을 계승한 사람처럼 들릴 수 있겠지만, 영화 〈죽은 시인의 사회〉를 보지 않고 키케로의 명언 '카르페디엠Carpe diem(현재를 즐겨라)'을 삶의 모토로 삼는 것보다 구체적인데다, 일상적으로 하는 것이 당연한 독서를 취미란에 적는 사람들보다는 흥미롭지 않을까. 하지만 저마다 공감 혹은 비공감의 영역을 갖고 살고 있으니 논외로 접어두자.

그렇다면 인격이 보이는 창 같은 취미란에 감히 '쇼핑'이라고 적을 수 있는 이 용기는 어디서 나오는 걸까. 만약 자신이 본능적으로 세일 기간을 감지하는 더듬이를 갖고 있고, 새로 론칭한 브랜드나 독특한 숍을 찾아내는 걸 즐기고, 흥정에 능하며, 심지어 타인에게 쇼핑에 대한 조언까지 한다면 충분히 쇼핑은 취미가 되고 직업으로까지 삼을 수 있다. 칙릿 《쇼퍼홀릭》의 여주인공인 베키는 엄청난 쇼핑 경험을 바탕으로 뉴욕 바니스 백화점의 퍼스널 쇼퍼personal shopper로 일하는데, 실제로 존재하는 이 직업은 트렌디하면서도 고객에게 어울리는 적절한 아이템을 골라주는 일을 한다.

국내에 도입되어 있는 컨시어지 서비스 또한 퍼스널 쇼퍼와 맥락이 같다. VVIP(최상위 고객) 마케팅의 일환으로 애비뉴엘이나 갤러리아 명품관처럼 럭셔리 브랜드 일색인 백화점에서 시행되고 있는데, 특별히 마련된 퍼스널 쇼퍼룸에서 전문 스타일리스트들이 추천하는 스타일을 미니 패션쇼를 통해 편안하게 고를 수 있다. 신데렐라 콤플렉스를 자극하는 영화 〈귀여운 여인〉의 줄리아 로버츠가 스스로 여러 옷을 입어볼 때마다 'OK'와 'No' 사인을 보내던 리처드 기어와는 사뭇 다른 노블레스의 쇼핑이다. 그러나 쇼핑이라는 구매행위 그 자체를 사랑하는 사람들에게 직접 물건을 구경하며 고르는 기쁨을 쏙 빼버리는 것이라는 생각이 든다. 그래서인지 돈이 넘쳐나는 셀러브리티들도 직접 쇼핑하는 수고를 마다하지 않는다.

숍에서 란제리를 계속 바꿔 입어보며 스트립쇼를 방불케 해 이슈가 되기도 했던 패리스 힐튼은 항상 커다란 쇼핑백을 들고 다니는 게 목격된다. 샤넬을 아주 좋아하다 못해 홀릭 증세까지 있는 린제이 로한은 칼 라거펠트에게 하루만 샤넬 매장에서 일하면서 모든 샤넬 옷과 가방을 경험해 보고 싶다고까지 했다(그 열정은 칼 라거펠트도 감동시켜 결국 샤넬의 모델이 되었다).

이 정도가 귀엽다면, 남자들은 쇼핑을 싫어한다는 선입견을 바꾼 저스틴 팀버레이크는 대단하다. 그는 공개된 프로필에도 취미를 쇼핑이라고 당당히 적어두었는데, 그에 걸맞게 대단한 쇼핑 행각을 벌이기도 했다. 바로 런던 해러즈 백화점의 문을 닫아놓고 친구들과 함께 천문학적인 돈을 쓴 것. 해러즈는 왕실 귀족, 부호 들을 주요 고객으로 럭셔리 제품을 취급하는 150여 년 전통의 유서 깊은 백화점이다. 더욱이 고 다이애나 비의 자동차 사고 날, 함께 있었던 남자친구 도디 파예드가 해러즈 소유주의 아들이어서 럭셔리에 관심 없는 일반인까지도 그 명성을 알게 된 곳이다. 나는 슈퍼스타가 해러즈에서 구입한 값비싼 물건 리스트보다 스니커즈 마니아로 알려진 저스틴이 과연 몇

78

켤레의 스니커즈를 샀을까가 더욱 궁금하다.

내가 가장 정성을 쏟아 쇼핑하는 구두는 가장 과학적으로 접근해야 하는 아이템이다. 누워 있지 않는 한 인간은 언제나 땅바닥에 발을 붙이고 살아가는 직립보행의 척추동물이므로 몸의 하중을 받들고 있는 발의 복지를 매우 신경 써야 하니까. 그래도 솔직히 마음에 쏙 드는 예쁜 구두를 봤을 때, 발의 건강보다는 각선미가 얼마나 돋보일지와 발이 얼마나 작아 보이냐가 아직까지 나의 쇼핑 포인트다. 건강신발은 디자인이 좀 끔찍하다.

퍼스널 쇼퍼를 고용할 수 있는 재력가라도 구두는 꼭 신어봐야 한다. 멋진 스타일과 동시에 내 발에 잘 맞는 것을 골라야 정말 오랫동안 함께 행복해질 수 있기 때문이다. 뒤꿈치에 반창고를 붙이고 다니는 꼴불견이 되는 것이나 맨발에 자신 없는 사람이 되는 것이 싫다면 슈즈 쇼핑 상식 몇 개만 알고 있으면 된다.

먼저 쇼핑 시간을 준수한다. 발은 생체리듬에 따라 오전보다 오후에 더 붓는다. 그래서 쇼핑 시간은 오후 2시 넘어서가 좋다. 그리고 신발은 무조건 양쪽 다 신어볼 것. 대부분의 사람들은 짝발인데, 보통 오른손잡이인 사람들이 많이 사용하는 오른손이 크듯 역시 자주 사용하는 오른쪽 발이 왼쪽보다 더 크다. 굳이 한쪽만 신어봐야 할 상황이라면 오른쪽 위주로 신어보면 좋다. 또한 펌프스같이 앞이 막혀 있는 구두를 신어보았을 때, 엄지발가락 쪽에 1센티미터 내외의 여유분이 있는 것이 좋다. 그리고 앞코가 트여 있는 펌프스라면, 조금은 끼는 듯 딱 맞는 사이즈를 산다(오픈 토 펌프스는 쉽게 늘어나는 특징이 있다).

이 모든 조건이 만족스럽다면, 매장에서 구두를 신고 열 걸음 이상 걸어본다. 너무 깐깐하게 구는 것 같아 걷기 조금 쑥스러울 때는 그걸 신고 잠깐 그에 어울리는 옷이나 다른 구두를 고르는 척해도 좋다. 마지막으로 디자인만큼 중요한 것이 바로 소재다. 소재는 무엇보다 발 건강에 많은 영향을 미친다. 천연가죽이 통풍이 잘되며 땀이 잘 차지 않아 발에 좋다. 가장 고심하게 되는 굽의 높이는 2~3센티미터가 건강에는 좋지만, 어휴, 우리는 새 신발의 아픔을 최소로 줄이기 위해 위와 같은 사항을 준수할 뿐, 디자인에서는 취향대로 마음껏 고르면 된다.

나는 매장에서 비록 한 켤레만 살지라도 되도록 많은 신발을 신어보려고 한다. 그러면 꽤 괜찮은 시간을 보낼 수 있다. 물론 매장의 직원들과 즐겁게 이야기를 나눌 줄 아는 능력이 있으면 더 좋다. 그들은 남몰래 앞으로의 세일 정보를 흘리거나 직원가에 할인해 주는 아량을 베풀고, 때로는 하나밖에 남지 않은 인기상품을 전화 한 통에 빼놓기도 한다. 그러니 친해져서 손해 볼 것은 전혀 없다.

쇼핑을 위해서는 돈도 필요하지만 무엇보다 재치와 기지를 발휘해야 할 때도 있다. 흥정의 고수가 되어야 하는 것은 당연한데, 백화점이 정가로만 판다는 것은 오해다. 예를 들어, 일명 살롱화라고 부르는 신발의 브랜드는 거의 주문 제작되는 경우가 많아 세일 기간에 남아 있을지 확신할 수 없다. 그러나 매니저와 친해두면 품목별 할인을 받을 수 있다. 심지어 나는 대학 시절에 갖고 싶은 신발을 할인 받고 싶어서 매장에서 아르바이트를 한 적도 있다. 가방 파는 일이었지만 옆 매장에는 호시탐탐 노리던 신발이 있었다. 아르바이트를 하는 동안 신발을 담당하는 매니저와 친해졌고, 결국 그 신발은 할인가에 내 것이 되었다.

셀러브리티가 백화점 문을 닫게 하고 쇼핑을 한다면 우리는 매장 점원으로 잠입하는 방법을 쓰면 되고, 셀러브리티가 디자이너와 친해져서 협찬 받거나 할인가에 물건을 산다면, 우리는 매니저와 친해지거나 스스로 VIP가 되면 된다. 단골고객이라고도 칭하는 그 타이틀을 거머쥐는 것이 바로 지혜로운 쇼핑 팁. 덧붙여 원하는 것을 상대적으로 저렴하게 손에 넣어 소유의 기쁨으로 끝내는 것이 아니라 궁극적으로 패션의 정복자가 되기 위해 효과적인 스타일링을 연구해야 하는 것은 당연하다.

삶의 필수적 요소인 쇼핑. 작게는 무가당 껌을 사는 것부터 크게는 부동산을 사들이는 것 모두 쇼핑의 행태요, 자본주의 체제에서 살아가는 라이프사이클의 시작이자 끝이라고 봐도 무방하다. 다만, 개인이 무엇에 더 많은 관심을 두고 쇼핑을 하느냐가 다를 뿐이다. 그러니 당당하게 사라. 항간에서는 패션 아이템 쇼핑이란 영역에 유독 지름신 강림으로 그 탓을 뒤집어씌우고 소심한 우리는 죄책감을 가지는데, 사실 그럴 이유가 전혀 없다.

# 🥿 셀러브리티 따라잡는 슈즈 위시리스트

지금 트렌드를 리드해 나가고 있는 할리우드 스타들이 가장 즐겨 신는 디자이너 슈즈들을 알아보자. 미리 말해 두지만, 가격 범위는 소개하지 않겠다. 상상에 맡기고 싶은 것이 바로 가격 아닌가. 살짝 힌트를 주자면 모두 작게는 500달러, 또는 1,000달러 안팎을 넘나든다. 리치 앤 페이머스rich & famous 라이프 스타일을 가지고 있지 않다면, 오리지널 구입이 쉽지만은 않다. 그러니 각 브랜드의 시그니처 아이템을 잘 파악해 두는 것도 쇼핑할 때 참고할 만한 센스.

**마놀로 블라닉 Manolo Blahnik**
누구? 스페인 출신으로 미술을 전공했으며, 〈보그〉에서 일한 경력이 있다. 신발의 국적은 영국 브랜드이며, 이탈리아에서 수제화로 생산된다. 런던 디자인박물관에서 마놀로 블라닉의 예술적인 구두 일러스트레이션을 감상할 수 있다.
시그니처 다양한 소재와 컬러를 자랑하는 앞코가 좁고 긴 메리제인 펌프스, 고급스러운 버클로 앞부분이 장식된 오르세가 대표적
셀러브리티 태그 사라 제시카 파커, 마돈나, 케이트 모스, 제니퍼 로페즈
따라잡기 앞코가 길며 좁은 하이힐의 메리제인 슈즈. 광택이 나는 소재면 더욱 좋다.
홈페이지 http://www.manoloblahnik.com/

**크리스찬 루부탱 Christian Louboutin**
누구? 프랑스 출신으로 파리의 쇼걸들의 아름다움에 빠져 섹시한 디자인을 주로 선보인다. 샤넬이나 YSL에서 일하기도 했으며, 전설적인 구두 디자이너 로

제 비비에르와도 함께했다.

시그니처 레드솔이 트레이드마크. 심플한 실루엣이나 아주 높은 플랫폼 힐이 특징

셀러브리티 태그 니콜 리치, 크리스티나 아길레라, 올슨 자매

따라잡기 무조건 레드솔. 빨간 밑창을 가진 핍 토 슈즈로 섹시하면서 우아한 느낌까지 드는 쇼걸의 이미지

홈페이지 http://www.christianlouboutin.fr/


## 지미 추 Jimmy Choo

누구? 말레이시아 출생으로 다이애나 비의 수제화를 제작하다가 영국 〈보그〉의 에디터였던 타마라 멜런과 함께 브랜드를 설립했다.

시그니처 우아한 귀부인의 이미지로 보석 장식을 많이 사용하는 이브닝용의 드레시한 하이힐

셀러브리티 태그 사라 제시카 파커, 마돈나, 케이트 모스, 제니퍼 로페즈

따라잡기 새틴이나 보석으로 장식된 하이힐이나 가느다란 스트랩이 여성미를 더욱 강조한 디자인

홈페이지 http://www.jimmychoo.com


## 샤넬 CHANEL

누구? 파리 캉봉가에 '샤넬 모드Chanel Modes'라는 이름으로 모자 부티크를 오픈한 코코 샤넬 이후, 독일인 칼 라거펠트가 1980년대 초부터 현재까지 샤넬 디자인을 맡고 있다.

시그니처 블랙 앤 화이트의 콤비네이션 펌프스, 퀼팅된 가죽이나 진주 스트랩 혹은 진주가 박힌 굽

셀러브리티 태그 니콜 키드먼, 패리스 힐튼
따라잡기 블랙 앤 화이트 펌프스, 진주 장식의 슈즈
홈페이지 http://www.chanel.com/

## 이브 생 로랑 Yves Saint-Laurent / YSL
누구? 알제리 태생의 이브 생 로랑은 디오르에서 일했으며, 몬드리안 룩과 같
은 예술적 디자인을 선보이거나 여성에게 매니시한 스모킹 수트를 입히며 유
명해졌다. 그가 은퇴한 뒤, 스테파노 필라티가 디자인을 총괄하고 있다.
시그니처 현재 킬힐을 주로 디자인. 앞코는 뾰족하지 않고 뭉툭한 편. 레오파
드, 페이턴트 등으로 포인트를 주되, 절제된 장식미를 선호
셀러브리티 태그 크리스티나 아길레라
따라잡기 킬힐. 레오파드 느낌이면 더욱 좋다.
홈페이지 http://www.ysl.com/

## 랑방 LANVIN
누구? 프랑스 패션계에 코코 샤넬과 양대 산맥을 이루는 잔 랑방이 시초이다.
지금은 항상 나비넥타이를 매고 등장하는 알버 앨바즈가 디자인한다.
시그니처 청키힐 펌프스나 부츠는 건축적으로 정교한 디자인이 특징. 발레리나
플랫은 할리우드 스타들 덕분으로 히트 아이템이 됨.
셀러브리티 태그 미샤 바튼, 케이트 모스, 린제이 로한
따라잡기 앞코가 비교적 넓고 둥근 납작한 발레리나 슈즈로 발에 꼭 맞는 블랙
이나 화이트 같은 플레인 컬러 플랫 슈즈 혹은 전체적으로 글리터 장식이 되어
있지만 군더더기 장식은 없는 것을 고른다.
홈페이지 http://www.lanvin.com/

**발렌시아가 Balenciaga**

누구? 완벽한 재단이 특징인 에스파냐 출신의 크리스토발 발렌시아가가 창립한 브랜드로 현재 꽃미남 디자이너 니콜라스 게스키에르가 성공적으로 디자인을 담당하고 있다.

시그니처 레이스업 스타일의 슈즈. 글래디에이터 스타일과 같이 정교하고 장식적인 디자인이 특징

셀러브리티 태그 힐러리 더프, 린제이 로한

따라잡기 스터드 장식이 달린 글래디에이터 샌들, 골드 컬러 액센트가 많은 레이스업 부티

홈페이지 http://www.balenciaga.com/

**미우미우 MIUMIU**

누구? 미우치아 프라다가 이끄는 이탈리아 브랜드인 프라다의 좀더 젊은 층을 대상으로 한 세컨드 브랜드

시그니처 사랑스러운 이미지가 강하나 독창적이어서 아일릿, 레이스, 보석, 리본 등으로 장식한 슈즈가 많음

셀러브리티 태그 린제이 로한

따라잡기 콘티넨털 힐을 가진 아일릿 장식의 펌프스나 보석이 달린 발레리나 플랫 슈즈, 아니면 매우 높고 심플한 베이비 핑크 컬러 메리제인 슈즈

홈페이지 http://www.miumiu.com/

*shoeaholic*

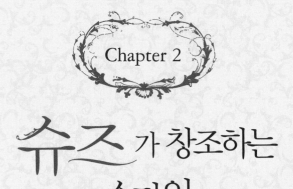

# Chapter 2

# 슈즈가 창조하는 스타일

👠 패션은 지나도 스타일은 남는다

보수파들이 지금 클래식한 디자인이라 여기는 것도 한때는 혁신이었고, 급진파들이 사랑하는 새로움도 대중성을 띠게 되면 클래
식이 된다. 중요한 것은, 예술이 가변성과 동시에 영원히 후대에 계속 영향을 미치는 생명력을 가지고 있으니 어떠한 상상력도 꿀
시해서는 안 된다는 것이다. 그러므로 새롭게 시도되는 상상력을 사랑할 수밖에 없다.

# 1
## 마드무아젤
## 코코 샤넬

전쟁은 페스트와 같은 전염병처럼 절대 일어나서는 안 될 인류 대재앙 중 하나지만, 역설적으로 고답적인 사회를 뒤집어엎을 수 있는 기회가 되기도 했다. 1920년대의 분위기도 그와 다르지 않았다.

제1차 세계대전으로 인해 젊은 남성보다 여성들의 수가 더 많아졌고, 부족한 일손은 여성들이 대신하게 되었다. 경제적인 독립은 자유와 일맥상통하는 말. 여성들은 이제껏 남성들이 누리던 생활방식에 기꺼이 동참하게 되었고, 유행에 민감한 모던걸은 이내 플래퍼flapper로 불린다.

짧은 치마와 짧은 머리, 활 모양으로 윗입술 선을 살려 칠한 립스틱, 가슴과 엉덩이의 곡선이 사라진 소년처럼 마른 몸의 플래퍼들은,

여성작가 조르주 상드가 19세기에 남성들에게만 허가된 자유를 누리고 싶어 남장을 하고 남성 이름으로 필명을 썼던 것과 비슷해 보이기도 하다. 그러나 20세기의 플래퍼들은 드러내놓고 자유로웠다는 점에서 다르다.

이 매력적인 1920년대 스타일을 정의한 사람은 바로 코코 샤넬이다. 난 샤넬에게서 조르주 상드와 비슷한 면모를 보았다. 일 자체가 자신이었고, 당대를 주름잡던 지식인들과의 교유, 자유연애를 하는 모습은 놀랍도록 닮아 있다. 게다가 조르주 상드와 마찬가지로 프랑스 출신이다.

기존의 여성상을 거부했다는 이유만으로도 이 둘을 팜므파탈이라고 말하기도 하지만, 사실 페미니스트라는 키워드가 더 적절해 보인다. 물론, 페미니즘을 해석하는 시각은 저마다 다를 테고 부유한 남성들의 정부情婦였던 샤넬이 무슨 페미니스트냐고 꼬집어 물을 수도 있다. 하지만 단 하나 확실히 반박할 수 있는 것은, 샤넬이 등장한 이후 여성은 코르셋을 벗었고, 바지를 입고, 심지어 브래지어를 하지 않아도 충분히 매력적인 실루엣을 만들 수 있다는 것을 보여주었다. 샤넬은 여자의 몸 그 자체를 해방시켰던 것이다.

영국에서는 플래퍼, 프랑스에서는 가르손 룩garconne look이라고도 불리던 1920년대 스타일을 만들어낸 샤넬은 고아원에 맡겨져 가난한 어린 시절을 보냈다. 낮에는 의상실 견습공으로 밤에는 가수로 활동하면서 코코라는 애칭을 사용했는데 그 후, 영국인 사업가 아서 카펠의 도움을 받아 캉봉 거리에 모자 부티크를 오픈하면서 본격적으로 패션 디자인의 길로 들어선다. 그녀가 기존의 관습에 매이지 않았던 것은 그녀 자체가 모던걸인 플래퍼였기 때문이다.

"여성들이 생활하면서 편안하게 느끼며, 더 젊어 보일 수 있는 패션을 만든다."

샤넬의 혁신적인 발상은 여기에서 멈추지 않는다. 여성들이 스포츠를 즐기는 것에 맞추어 스포티한 의상들을 내놓기 시작했으며, 저지(가벼운 메리야스 직물)같이 주로 남성의 속옷용 소재로 쓰이던 것을 일상 의복에 도입했고, 트위드(모직물) 같은 주목받지 못했던 소재들을 세련된 슈트로 탈바꿈시켰다. 또한 코스튬 쥬얼리costume jewelry의 개념을 탄생시켜 치장 자체를 목적으로 한 모조 보석이 이때 등장한다.

플래퍼 스타일의 특징은 보브 헤어(또는 더 짧은 쇼트)에 장식적이고 화려한 모자 대신 실용적인 클로슈라는 모자를 쓰고, 가슴을 부각시키기 위해서가 아닌 납작하게 보이기 위해 등장한 브래지어를 착용해 곡선 대신 직선적 실루엣을 만드는 것에서 시작한다. 하지만 이런 외양적인 것만이 아니라 여성이 모터사이클을 타고 다니거나 클럽에서 재즈 음악에 맞춰 스윙을 즐기는 등 라이프스타일의 변화에서 더욱

두드러진다.

"스윙을 하지 않으면 아무 의미 없어요 It don't mean a thing if it ain't got that swing"라고 노래했을 법한 미국의 작가 스콧 피츠제럴드 부부처럼 재즈를 사랑한 플래퍼들은 찰스턴charleston(미국에서 시작된 사교 재즈 댄스)을 추었는데, 이때 처음으로 여성들의 다리가 공식적으로 드러난다.

아르데코에서 영향을 받은 직선적 실루엣이나 허리선이 들어가지 않은 박스 실루엣 형태의 시프트드레스는 단순했지만, 장식적으로는 기교를 많이 부렸다. 그리고 다리에는 블랙이 아닌 베이지색과 흰색의 스타킹을 착용했고, 여기에 다양한 디자인의 펌프스를 신게 된다.

플래퍼들은 낮에는 스네이크 스킨 소재, 밤에는 더욱 화려한 금색이나 브로케이드brocade(화려한 무늬의 직물), 보석이 달린 버클로 장식된 중간 정도 굵기의 힐인 쿠반 힐cuban heel 펌프스를 신었으며, 스윙을 즐기기에 가장 좋은 슈즈로 끈이 달리고 화려하게 장식된 굽 높은 옥스퍼드 슈즈도 사랑받았다. 이는 제1차 세계대전 당시의 튼튼한 기능성 신발보다 신나는 디자인이었고, 벨 에포크belle époque(19세기 말에서 20세기 초의 파리를 지칭하는 '좋은 시대') 시절의 활동성이 떨어지며 연약한 여성스러움의 상징인 뒤꿈치가 드러난 뮬보다 훨씬 활기에 넘쳤다.

패션은 지나도 스타일은 남는다.

Fashion fades, only style remains the same.
– 코코 샤넬Coco Chanel(패션 디자이너)

펌프스는 별도의 끈이나 잠금장치 없이 발등을 드러내는 가장 심플한 디자인이다. 굽 높이에 따라 하이high, 미드mid, 로low 힐로 나뉘며, 디자인 변화를 거쳐 앞코만 뚫려 발가락이 보이는 오픈 토open toe 펌프스, 구두 뒤꿈치만 노출시킨 백 오픈back open 펌프스(슬링백 sling back이라고도 한다)가 있다. 이 밖에도 펌프스의 허리 쪽을 한군데 터놓은 사이드 오픈side open 펌프스와 신발의 앞코와 뒤꿈치만 막고 양옆을 터놓은 세퍼레이트separate 펌프스도 있는데, 르네상스 시대 이탈리아 명문가인 메디치의 캐서린 드 메디치가 프랑스로 시집 갈 때, 결혼식에서 신었다고 알려진 펌프스는 그 오랜 역사만큼 많은 디자인 변화가 이뤄졌음을 알 수 있다.

펌프스는 가장 편하게 신고 벗을 수 있지만, 결코 가벼운 느낌이 아니라 충분히 격식을 차린 것처럼 보인다. 1920년대의 여성이 추구하고자 했던 것은 급진적이면서도 우아한 모던걸로 장식적이고 현란한 슈즈는 노출된 다리를 돋보이기 위한 필수품이었다.

특히 샤넬 슈즈는 고유명사가 되어 하나의 클래식이 될 정도로 유명한 펌프스가 된다. 앞코가 검정색이고 나머지는 베이지색이거나 화이트 계열인 이 심플한 슈즈는 다리를 길어 보이게 하는 착시 효과를 주는데, 비단 디자인적인 측면을 넘어서 샤넬 슈즈의 별칭은 재즈 슈즈이기도 하다. 흑과 백의 조화가 인상적인 이 단순함은 즉흥적이어

서 자유로운 재즈가 원래 흑인음악과 백인음악을 결합시켜 탄생했다
는 배경을 갖고 있는 것처럼 바로 어울림을 상징하는 사회적 코드라
는 해석도 있다.

"패션은 지나도 스타일은 남는다."

모든 패션 전문가들이 패션의 유동성과 영속성을 설명하는 가장 적
절한 예로 샤넬의 말을 인용한다. 21세기에도 여전히 샤넬 스타일이
남아 있는 것은 1980년대 초부터 독일 출신 디자이너 칼 라거펠트가
샤넬 고유 스타일에 현대적 감각을 효과적으로 믹스시키고
있기 때문이다.

지금의 우리에게 샤넬은 프랑스를 대표하는 명품 브
랜드 중 하나로 부유함의 상징일 뿐이다. 샤넬 슈트
라 불리는 트위드 슈트, 샤넬 슈즈, 샤넬 퀼팅백처럼
고유명사가 될 정도의 아이템들은 부유층이면 꼭
가져야 하는 '그것'이지만, 그 이전에 샤넬이 가졌던
자유로움의 정신과 획기적인 발상을 먼저 생각해
보는 것이 좋겠다.

지금 유행은 과거를 복습하고 있다. 20세기
의 패션유산을 매 시즌 21세기식으로 재현하
면서 럭셔리라는 수식어가 따라다닐 뿐인 것.

언젠가 샤넬처럼 혁신적인 디자이너가 나타나 기존의 아이템을 모두 바꿀 것이라 믿지 않는다. 다만 패션에만 국한되지 않고, 샤넬이 했던 것처럼 스타일과 정신 모두를 바꿔버릴 수 있는 디자이너가 등장할 수 있을까 궁금할 뿐이다.

# 2
# 살바토레 페라가모,
# 그 대단한 클래식

내게도 나만의 라스트last가 있으면 좋겠다. 그것도 살바토레 페라가모라는 유서 깊은 슈즈 브랜드에서 제작된 것이면 더더욱. 더불어 내 라스트가 오드리 햅번, 소피아 로렌, 그레타 가르보와 같은 전설적인 여배우들의 것과 나란히 전시될 수 있다면? 대통령 훈장보다 더 좋은, 죽어서도 못 잊을 최고의 영광이다.

한국 여배우 중에서는 이미연과 김소연이 페라가모 본사에 초청을 받아 자신의 라스트에 사인하는 영광을 누렸으며, 이영애는 영화 〈에버 애프터〉를 위해 페라가모가 제작한 유리구두(투명한 유리굽에 크리스털로 장식된 은회색 실크 소재의 뮬)의 홍보대사로 뽑혀 400만 원 상당의 구두를 받기도 했다. 남자배우 중 강동원은 트라메자Tramezza를 선물받기도 했는데, 주문자의 발의 길이와 넓이 및 높이를 고려한 설계에 소재와 디자인, 컬러 모두 원하는 대로 제작해 주는 오더 메이드 슈즈로 800만 원 정도 한다고. 이럴 때는 촉망받고 이름난 배우가 아니라는 것이 억울하지만, 이는 페라가모의 고전적인 스타 마케팅이며 한국에서 누리는 페라가모 인기가 얼마나 큰지 보여주는 일례일 뿐이라고 마음을 가라앉혀본다.

구두 제작자 살바토레 페라가모가 전성기를 구가하던 시절은 제2차 세계대전 전후인데, 이때의 여성들은 제1차 세계대전 무렵과 달리 더욱 적극적으로 사회활동을 하지만 전쟁의 종결과 함께 남성들에게 일자리를 내어주고 다시 가정으로 복귀하게 된다. 또다시 전쟁을 겪은 사회는 피폐해졌고, 성숙하고 우아한 고전적인 매력에 마릴린 먼로의 섹시함을 가진 여성을 원하는 모순을 보여준다. 그래서 당시 크리스찬 디오르가 발표한 둥근 어깨, 가는 허리, 넓게 퍼진 스커트의 뉴 룩은 한정된 옷감으로 인해 단추 수까지 제한을 두던 전쟁 때와 달리 과도하게 사치스러운 옷으로 여성성을 되찾는 상징처럼 느껴졌다. 이내 여성미를 상징하는 풍만한 가슴은 모두가 추구하는 미의 기준이 된다.

풍만함이란 관점에서 바라본 페라가모의 웨지힐은 '슈즈의 뉴 룩'이라 해도 좋을 것이다. 실로 디오르의 뉴 룩이 4인치가 넘는 뾰족한 하이힐을 신는 스타일링으로 누군가 옆에서 잡아주어야 할 정도로 불안

정했다면, 페라가모의 웨지힐은 높은 굽을 자랑하면서도 안정감을 주는 실용성으로 제2차 세계대전 중에 탄생하여 지금까지 살아남는다.

웨지힐의 탄생 배경은 극빈함 속에 있다. 전쟁 때 가장 먼저 타격을 입는 사치품 산업은 구두에도 그 영향을 미쳤다. 페라가모는 구두의 핵심부품인 허리쇠를 고품질 강철로 썼으나 차츰 에티오피아 전쟁에 차출되어 저품을 쓰게 되었다. 그러자 굽이 흔들리고 부러져 A/S 문의가 쇄도하는 난관에 직면한다. 고심 끝에 앞과 뒤 굽 사이를 코르크로 채우는 아이디어를 생각해냈는데, 쐐기를 박은 것처럼 보이는 전체 굽은 발의 하중을 적절히 분산시키는 혁신적인 디자인이었다. 이 웨지힐은 최초로 비스콘티 디 모드로네 공작부인이 시도한다. 그녀의 의구심 깊었던 첫 '시승식' 이후 빗발치는 요구에 웨지힐의 인기는 저작권 설정이 불가능할 정도로 일반화되었으며, 페라가모 하면 가장 먼저 떠오르는 슈즈가 된다.

살바토레 페라가모는 소재에 대해 늘 실험했고, 남들이 불가능하다고 생각했던 것을 실현하는 데 능했다. 그의 자서전인 《꿈을 꾸는 구두장이》에 실린 일화 중 특히 인도 공주의 깃털 신발을 만들기 위해 많은 벌새를 잡으러 다녔다는 이야기는 그가 가진 장인정신에 집요함까지 더해져 놀랍기만 하다.

페라가모는 이탈리아 보니토 지역의 가난한 가정에서 열네 명의 형제 중 열한 번째 아이로 태어난다. 어린 시절부터 구두 제작자가 되고 싶어 했던 그는 좀더 품위 있는 직업을 가지라 충고하며 구두 제작자가 되는 것을 반대하던 부모님의 허락을 간신히 얻어낸다. 그 후, 그는 구두 제작자가 얼마나 품위 있는 직업이 되는지를 유감없이 보여준다. 아홉 살 때부터 본격적으로 구두 만드는 것을 배우고 스펀지처럼 기술을 흡수해 열 살이 되기도 전에 구두 제작에 대한 어떤 과정이든 매끄럽게 처리해 나간 페라가모는 형의 제안으로 미국으로 건너가 할리우드에서 구두 수선일을 하다가 배우들의 구두를 맡게 되면서 커리어를 눈덩이처럼 불린다. 영화 〈7년 만의 외출〉의 한 장면인 지하철 환풍구에서 치맛자락을 휘날리던 마릴린 먼로의 나무랄 데 없는 각선미에 신겨져 있던 페라가모 슈즈를 눈여겨보았다면 페라가모의 인기가 당시 어느 정도였을지 실감할 것이다.

일생을 구두 만드는 것에 쏟은 페라가모는 사람들이 좋은 발을 갖고 있지 않는 것은 발에 맞지 않은 구두 때문이라고 생각하여 편한 구두를 만들기 위해 해부학을 공부했다고 한다. 그 덕분에 정확한 사이즈를 잴 수 있게 되어 페라가모의 신발은 디자인뿐만이 아니라 착화감에서도 인정받게 된다. 그의 슈즈가 명품으로 자리 잡은 건 기계화가 당연시되던 그때에 수제화를 고집한 것에서 드러나는 장인정신에 있겠다. 여기에 끈기와 탐구심, 실험정신이 기반이 된 열정은 가난한 시골 마을 보니토 출신 소년을 할리우드 배우를 포함한 셀러브리티의 구두 제작자로, 또 페라가모를 장인정신이 살아 있는 트렌디한 구두 브랜드로 만들었다.

페라가모의 후손에 의해 운영되는 지금의 페라가모 디자인은 변동의 폭이 적어 다소 지루하게 느껴지는 것이 사실이다. 그토록 예술에 가깝게 디자인되던 슈즈는 이제 클래식한 디자인을 고수하고 있다. 그래서 유럽에서는 페라가모를 선호하는 연령대가 높다고 한다. 그러나 1990년대 후반 한국의 젊은 층에게 없어서는 안 될, 명품족이 되는 첫걸음으로 꼭 필요한 슈즈가 바로 페라가모 바라Vara 펌프스였다.

1990년대 후반 미니멀리즘과 럭셔리 유행의 중심에는 깔끔한 보브 헤어에 니 렝스knee length 스커트와 TSE 캐시미어 트윈 니트를 매치하고, 프라다의 삼각 로고가 박힌 포코노 나일론 소재 숄더백을 어깨에 멘 뒤, 당연히 페라가모의 굽이 5센티미터 정도 되는 리본 달린 펌프스 바라를 신는 것이 정석이었다. 이 스타일링은 일명 '청담동 며느리 스타일'이라고 불리기도 했는데, 바라의 여성스러운 리본은 어떤 옷에나 잘 어울렸으며 요조숙녀를 닮은 태도는 이제 막 럭셔리를 대중적으로 받아들이기 시작한 한국에서 매우 환영받을 만한 존재였다.

시대의 흐름에도 불구하고 페라가모의 디자인은 여전히 고정적인 이미지를 갖고 있다. 은색이나 금색 버클에 새겨진 페라가모 로고, 말

페라가모는 100퍼센트 **이탈리아 수제화**입니다.

We are 100 percent made in italy.
– 살바토레 페라가모 Salvatore Ferragamo (구두 디자이너)

발굽 모양의 간치니(고리) 장식이나 바라의 리본 장식 등은 트렌디하다기보다 클래식한 레이디가 연상된다.

21세기 들어 변하지 않을 것 같은 바라 펌프스도 굽이 가늘고 높아지고 슬링백 형태의 디자인으로 변형되어 글로시한 캔디 컬러를 갖게 되지만, 그래도 국내에서 클래식한 바라 디자인만큼의 센세이션은 그 이후 어느 브랜드에서나 또 페라가모에서나 아직까지 배출된 바 없다. 정말 대단한 클래식이 아닐 수 없다.

바라만큼 내가 좋아하는 페라가모 슈즈는 '오드리'이다. "지적이고 아름다운 오드리 햅번은 진정 귀족적인 자태를 간직한 여배우"라고 평가한 페라가모가 배우가 되기 전 발레를 한 그녀를 위해 디자인한 것으로, 소재와 색상이 다양한 플랫 슈즈이건만 믿을 수 없게도 내 발에는 치명적이다. 바로 발등에 끈이 있는 메리제인 스타일이기 때문인데 발볼이 넓고 발등 높은 악조건인 나는 조금 소화하기 힘든 디자인이다. 내 발에는 37이나 38사이즈가 맞았으니 항공모함 타고 다닌다는 소리를 듣지 않기 위해 피해야 할 조금 굴욕적인 디자인이다. 그래도 대다수의 여성들은 여전히 오드리 햅번의 우아함이나 에비타 페론의 여성스러움을 갖고 싶어 하며 상징처럼 페라가모 슈즈를 갈구한다.

그런데 가끔은 획기적이고, 실험정신이 강했던 과거의 페라가모의 구두를 만나보고 싶다는 생각이 든다. 너무 숨 막힐 만큼 보수적인 이미지보다 새롭게 선보이는 급진적인 디자인은 앞으로 새로운 클래식이 될 가능성을 가지고 있으니까. 마치 1940년대 페라가모의 웨지힐처럼.

# 3

# 앤디 워홀의
# 유쾌한 슈즈

가장 한국적인 거리라는 인사동 한복판에서 앤디 워홀을 만나기로
했다. 워홀은 죽었다. 내가 지금 지독한 농담 중일까? 물론 몇 해 전,
쌈지에서 기획했던 〈쌈지, 앤디워홀을 만나다〉 전에서 지하 갤러리의
몇 작품과 만났다는 거다. 전시 오픈 취재를 계기로 만난 앤디 워홀은
여전히 휘황찬란한 광채를 뿜어대고 있었다. 마티스의 컬러를 선명
하게 인쇄한 듯 야수 같은 색감이나 백색의 피부에 전기 충격이라도
받은 듯 제멋대로 뻗어 있는 괴이한 가발의 포트레이트를 볼 때도 그
저 덤덤했다. 그러나 한 벽면을 메우고 있는, 실측은 아니지만 감으로
100호는 되어 보이던 구두 그림(심지어 표면은 글리터했다)은 나의 눈길
을 사로잡았다.

"워홀, 얼마에 파실 거죠?"라고 물어보고 싶었으나, 값비싼 작가인 워홀의 작품 가격은 듣고 싶지 않은 메아리. 1960년대를 대표하는 이 팝 아티스트가 왜 구두를 모티브로 삼았는가가 더 궁금했다. 워홀은 캠벨 수프캔, 마릴린 먼로 연작이나 벨벳언더그라운드 앨범 재킷의 바나나 모티브 등으로 대중에게 잘 알려져 있지만, 워홀의 마니아가 아니고선 그가 구두 그림을 아주 많이 남겼다는 것은 생소하다(그의 실크 스크린 인쇄 작업방식을 생각하면 당연하지만).

워홀의 슈즈는 다양하게 해석된다. 워홀이 게이여서 여자 구두에 집착했다, 구두에 페티시가 있었다, 구두 수집광이다, 아니다 구두 디자이너였던 적이 있다, 구두 디자인으로 상도 받았다고 하더라, 여자 구두를 신었을 것이다 등.

가장 그럴듯한 해석은 워홀이 뉴욕에 처음 왔을 때, 상업 예술가로서 처음 작업한 것이 바로 'I. 밀러 구두회사'의 구두 일러스트레이션이었다는 것이다. 그 뒤로 소매점인 본위트 텔러를 비롯, 〈하퍼스 바자〉, 〈보그〉 등 각종 상업 매체에 일러스트레이션을 팔았는데, 이는 뉴욕에서 인정받는 계기가 되었다. 뉴욕 휘트니 박물관의 큐레이터 돈나 드 살보는 "워홀은 슈즈를 실제보다 과장되게 만들었고, 정체성을 부여했다"고 말한다.

열네 개의 핸드 컬러로 인쇄된 슈즈는 버클이 달린 블루 한 짝과 스트랩이 달린 핑크, 그리고 퍼플로 가장자리를 장식한 골드 펌프스 등 다양한 색감으로 엉켜 있다. 실로 유쾌하고 발랄한 표현이 아닐 수 없다. 1960년대는 워홀이 바라본 것처럼 화려한 색감으로 빛나면서 경쾌했고, 대중의 개념이 확고해진다. 말하자면 기성세대가 몰락하고 영 제너레이션이 모든 소비의 주체, 즉 대중이 되는 시기였다. 이 세대들은 사실 워홀보다 비틀스에게 더 영향을 받았다. 미국의 워홀이 대중적인 것을 예술로 만들었다면, 영국의 비틀스는 음악으로 대중문화를 만들었기 때문이다.

그들의 음악만큼 유행한 것은 모던한 비틀스의 스타일로 모즈Mods(모더니스트의 약자)라 불리면서 런던 카나비 스트리트에서 생겨났다. 반듯하게 자른 앞머리가 인상 깊은 비틀스는 둥근 칼라를 가진 셔츠에 짧고 몸에 잘 맞는 재킷과 통이 아주 좁은 바지를 입고, 앞코가 뾰족한 '윙클 피커즈winkle pickers'란 구두로 단정해 보이는 모즈 스타일을 완성시켰다.

단정하고 세련된 유산계급 모습으로 기성세대를 향해 반항심을 표현하던 노동자 계급 출신의 비틀스가 있었다면 반대로 드러내놓고 록큰롤 시크를 즐기던 반항적인 로커즈들도 있었다. 그들은 '이유 없는 반항'을 일삼았고 죽음도 두려워하지 않을 만큼 무모한 오토바이광이었다. 로커즈는 금속 징으로 장식된 지저분한 가죽 재킷과 청바지를 입었는데, 역시 앞코가 뾰족한 구두로 스타일을 마무리한다. 즉, 방식에는 차이가 있지만 뾰족하고 날카롭다는 공통점은 반항심의 표현이었다.

또한, 이 시기의 소녀들은 트위기처럼 깡마른 모델에 열광했으며 최근에는 1971년에 약물 과다 복용 때문에 28세의 나이로 요절한 미국의 에디 세즈윅이라는 잇 걸이 더 주목받기도 했다.

트위기와 에디가 다른 점은 모델로서 트위기가 그 시대를 대표했으나 세월의 흐름에 점차 퇴색했다면, 에디는 1960년대에 전성기를 누렸고 그 시대가 끝나면서 사망했기에 영원한 1960년대의 잇 걸로 남았다는 것이다. 게다가 에디는 화젯거리로 오르락내리락할 만큼 드라마틱한 삶을 살았다. 가족이 남긴 막대한 유산을 바탕으로 매력적인 옷과 고급스러운 화장품 그리고 트레이드마크인 볼드한 디자인의 귀걸이를 구비한 뉴욕 최고의 숍들을 휩쓸었으며, 당시 〈보그〉를 장식하던 모델로 활동하다가 앤디 워홀의 눈에 띄어 팩토리 걸이 되어 명성을 얻었으니까. 사람들은 에디의 스타일, 매력, 부에 매혹 당했다.

"에디 세즈윅은 단 한순간도 인조 속눈썹을 떼지 않았어요."

에디라는 인물을 잘 표현한 한마디. 당시 소녀들도 다를 바 없었다. 쇼트 헤어를 한 깡마르고, 중성적인 몸은 미니스커트와 타이즈로 감쌌고, 하이힐 대신 뾰족한 플랫 슈즈를 신어 미니스커트에 노출된 다리를 가늘고 더 길어 보이게 만들었지만, 성숙함보다는 틴에이저의 발랄한 모드로 완성시킨다. 특히 주목할 만한 것은 에디처럼 인조 속눈썹에 열광했다는 것이다. 소녀들은 창백한 얼굴에 커다랗게 보이는 눈을 인위적이지만 매력적이라고 느꼈다.

이처럼 과감하고 과장된 1960년대는 디자이너들에게 무한한 영감의 원천이 된다. 에디 세즈윅은 2007년에 1960년대 스타일의 상징으로 부활했고, 그 시기보다 앞서 크리스찬 디오르의 존 갈리아노는 에디에게 영감을 받아 블랙 앤 화이트의 스트라이프 니트에 블랙 스타킹, 엘리게이터 소재의 베레와 스모키 아이메이크업 등을 선보였다. 한국에서는 시에나 밀러가 에디 세즈윅으로 분한 영화 〈팩토리 걸〉의 2007년 개봉에 맞춰 대중성을 띠게 된다.

20세기 모드 중 내가 가장 매력적이라 느끼는 1960년대는 패션 역사상 혁신적으로 다리가 노출된 시기이기도 하고, 스트리트 패션의 개념이 생겨난 시기이기도 하다.

카나비 스트리트의 멋쟁이들을 상상해 본다. 영국의 디자이너 마리 콴트가 디자인한 미니스커트를 입은, 믿을 수 없을 만큼 긴 다리의 깡마른 소녀들. 길쭉하고 가는 슈트 차림의 댄디한 소년들. 멋진 패션 아이템들로 가득한 부티크들이 이 거리에 즐비하고, 비틀스 음악이 끊임없이 흘러나온다. 혹시 머릿속이 고루한 블랙 앤 화이트로 가득 차 있다면, 여기에 현란한 컬러 팔레트로 마음껏 칠해보자. 팝아트에서 가져온 듯 화려한 색감과 옵아트의 명암 대비나 착시를 일으키는 프린트가 연상되는가? 이렇게 시각적으로 화려하고 장식적인 스타일은 사이키델릭이라고 불리면서 미래지향적인 스타일로 여겨진다. 이것도 좀 지루하다면, 우주 세계를 디자인하는 파리의 앙드레 쿠레주를 모셔본다. 그는 단순한 A라인을 가진 견고한 형태의 화이트 계열 미니드레스에 단추를 달거나 헴 라인 등에 블루와 같은 원색으로 포인트를 주어 당시 달 착륙에 성공한 닐 암스트롱에게 경의를 표하듯 스페이스 룩을 완성시켰다. 그는 여기에 뱅헤어, 오렌지빛 컬러 스타킹과 플랫 슈즈 혹은 낮은 목과 굽을 가진 부츠로 마무리해서 스타일링을 완성시킨다. 이렇게 연출한 룩은 패션에서 '미래적 스타일'을 언급할 때 자주 부활된다.

단순한 형태와 깔끔한 재단의 실루엣에 화려한 포인트 컬러를 매치했던 1960년대 스타일은 한마디로 유쾌한 젊음이다. 카나비 스트리트에서는 젊은 세대가 중심이 된 스트리트 패션과 유니섹스 룩이 태동했고, 워홀은 진지하고 심오함으로 가득했던 예술을 가장 대중적인 요소로 바꾸어놓았다. 물론 그가 '찍어내던' 슈즈는 1960년대 그 자체를 상징한다기보다 그의 개인 성향에 따른 집착 중 하나겠지만 그 심플한 선과 화려한 컬러의 표현방식은 1960년대 모드와 닮아 있으니, 꼭 소장하고픈 작품으로 기억된다.

# 4

## 때로는 히피처럼
# 맨발로 거닐어볼까?

비틀스 이야기가 나왔으니, 그들의 실질적인 마지막 앨범 《애비 로드》를 떠올려본다. 비틀스가 녹음 스튜디오 앞에서 찍은 이 앨범 커버로 애비 로드는 전세계에서 가장 유명한 횡단보도가 된다. 똑같이 모즈 룩으로 입고 다녔던 시기는 지나고, 이제 제 갈 길을 가는 그들을 상징하듯 저마다 개성 있는 차림이다. 그런데 유독 폴 매카트니가 눈에 띈다. 어라, 그는 맨발로 거닐고 있다. 단조로울 수도 있는 그 사진을 비틀스답게 만든 것은 그의 맨발 덕분이란 생각이 든다. 당연히 있어야 할 것이 없는 그 상태가 매우 생소하지만 자유롭게 느껴지고, 어쩐지 상실감이 느껴졌으니까(안녕! 비틀스).

그가 가장 유명한 맨발의 남자라면, 여자는 그보다 앞선 1950년대에 도버해협 건너 프랑스에 있었다. 바로 영화 〈그리고 신은 여자를 창조했다〉의 히로인 브리짓 바르도, 맨발로 유명한 섹시스타다(물론 국내에서는 한국을 개고기 먹는 야만국으로 폄하한 발언이 더 유명하다).

이 프랑스 영화는 해변이 있는 작은 마을 생 트로페를 배경으로 아담으로 대표되는 남자에게 치명적인 성적 매력을 가진 이브, 즉 줄리아(브리짓 바르도)를 향한 형제의 욕망에 대한 이야기로, 줄리아의 길들여지지 않은 야성미의 상징이 바로 맨발이었다.

신고 있던 신발마저 답답한지 이내 벗어버리는 그녀는 맘보를 잘 추고 사랑 받기 원하고 행복하기를 원하는 여자로 "춤과 웃음만 있는 곳은 어딜까?"라는 현실도피적인 말을 하거나 "태양과 바다, 뜨거운 모래, 내가 좋아하는 모든 것이 다 여기에 있다"라는 친환경주의자 같은 말을 한다.

우리 역시 물질만능주의 무한경쟁에 지쳐버리면, 모든 걸 버리고 아무 걱정 없이 자연으로 돌아가고 싶다는 생각을 가끔씩 한다. 그러나 현실이 발목을 붙잡는다면, 도심 속에서 그런 기분을 느낄 수 있는 대안을 생각해 보는 것이 현명하다.

맨발은 모든 구속을 벗어버린 상태다. 하지만 깨진 유리나 더러운 오물 같은 것이 도사리고 있는 보도블록 위에 민감한 발을 댄다는 것은 자칫 사고를 불러일으킬 수도 있어 한번 걸어볼까 상상은 해볼망

발을 아름답게 보이게 하려면 **맨발**을 드러내라.
이것이 신발 패션의 가장 기본이 되는 **비밀**이다.

-- 허먼 델먼Herman Delman (구두 디자이너)

정 실행하는 것에는 무리가 있다. 그러나 일부 유명한 배우들은 맨발로 거리를 활보해서 화제를 몰고 오기도 한다.

영화 〈캐리비안의 해적〉의 여주인공으로 유명한 키이라 나이틀리가 쇼핑을 하고 집으로 돌아가는 모습이 파파라치에게 포착되었을 때, 새카맣게 변한 발바닥을 클로즈업한 사진이 이슈가 되었다. 키이라는 그날 맨발이었던 것. "저는 스타일 아이콘이 아니라 그저 매일 다른 사람이 되고 싶을 뿐이에요"라고 말하는 이 여신 같은 외모의 소유자는 평소에도 히피처럼 입고 다니는 것으로 유명하다.

브리트니 스피어스도 맨발로 돌아다니기 좋아하는 팝 싱어. 심지어 화장실에도 맨발로 가는 등 평범한 사람들로서는 엄두도 못 낼 엽기 행각을 서슴없이 한다. 그렇게 맨발로 다니다가 땅에 떨어진 주삿바늘에 찔려 긴급히 병원에 간 적도 있었는데 마약 중독자 혹은 에이즈 환자가 쓴 것인 줄 알고 노심초사했다고. 어떤 사람은 브리트니가 맨발로 다니는 이유를 '발 냄새가 심하고 무좀이 있어서'라고 하지만, 단순히 발 냄새 때문에 맨발로 거리를 활보한다고 하기에는 부자와 유명인의 라이프스타일을 대변하는 그녀의 수입이 꽤 많다는 것을 한번 생각해 봐야 한다.

"맨발로 걷는 것은 곧 누드로 거리를 활보하는 느낌이다."

브리짓 바르도가 말했듯이 맨발은 침실에서나 볼 수 있는 은밀하면서도 지극히 섹슈얼한 이미지다. 또한, 발을 옥죄는 하이힐이 사라짐으로써 구속이 없는 완전한 자유를 상징하기도 한다.

흔히 스타일에서 '자유' 하면 히피를 연상한다. 히피는 1960년대 중반 즈음 미국 서부 해안가에서 생겨나 1970년대까지 이어진, 기성세대에 대한 반발과 베트남전쟁으로 인한 파괴적 폭력, 징병 거부로 결성된 젊은이들이었다.

히피의 모습이 그려지지 않는다면, 영화 〈포레스트 검프〉에서 여주인공 제니가 손질되지 않은 긴 머리에 머리띠를 여러 겹 두르고 긴 치마에 핸드메이드로 다양한 문양의 자수나 패치워크로 장식한 모습을 떠올리면 된다. 덧붙여 히피는 청바지를 즐겨 입었고, 평화의 상징으로 꽃무늬와 피스 마크peace mark를 즐겨 사용했다. 그들은 세계 여러 지역의 민속의상에서 아이디어를 빌린 장식적인 모티브로 이용하여 단정한 느낌을 거부하고 레이어드 룩으로 혼잡한 이미지를 보이기도 한다.

포크 음악을 즐기며 낙천적 사고를 가졌던 포키즈folkies나 파도타기를 즐기며 직접적인 자연과의 교류를 즐기던 쾌락주의자들인 서퍼즈surfers의 특징이 결합된 히피는 처음에는 낮이나 밤이나 월드 피스(모든 미스 유니버시티의 활동 공약인 바로 그 세계 평화!)를 외쳐댔지만 이내 그 의미는 퇴색하고, 폭력을 사용하고 마약에 손을 대는 등 현실도

피적 모습을 보인다. 지금의 히피라고 하면 사회적 의미를 찾기 어렵고, 그 대신 여행자들을 위한 이국적인 패션에 자주 채용되는 요소가 되었다. 무엇보다 자유로움을 담고 있어 꾸준히 사랑받는 스타일이다.

비단 구속이 싫은 건 스타나 히피뿐만이 아니다. 자유는 인간의 고귀한 가치로 빠삐용이 절벽에서 죽기로 운명 지어진 레밍처럼 뛰어내린 간절함과도 같다. 나도 맨발로 거리를 거닐어본 적이 딱 두 번 있다. 처음은 진정한 자유를 느꼈다. 해변까지 가던 길에 뜨겁게 달구어진 아스팔트 위를 깡충깡충 뛰었을 때였다. 두 번째는 원시적인 폭력성을 느꼈다. 싸구려 플립플롭flip-flop이 끊어져 어쩔 수 없이 양손에 신발을 들고 택시를 잡기 위해 도로로 뛰어들던 그 순간. 자유라는 고귀한 가치를 맨발로 느끼기에 나는 참을성이 부족했던 것일지도 모르겠다.

자유롭게 맨발로 다닐 수 없다면, 가장 자유

로운 신발을 신으면 된다. 바로 휴양지에서 누구나 신게 되는 플립플롭. 흔히 '조리'라 부르며, 발가락을 끼우게 되어 있는 굽 없는 슬리퍼 (한때 2~3센티미터 정도의 낮은 굽의 키튼 힐이 유행하기도 했다)인데, 단순한 구조로 일회성이 짙다. 물론 동네 슈퍼나 해변가에나 신고 다닐 법한 이 플립플롭도 키어스틴 던스트 같은 할리우드 셀러브리티 발에 걸쳐지면 스타일리시한 아이템으로 변모되는데, 한때 제이크루의 가죽 소재 플립플롭이 인기를 얻었으며 이는 캐주얼한 홀리스터나 아메리칸 이글 같은 미국 캐주얼 브랜드와 어울려 스타일링하는 것이 스트리트에서 유행했었다.

플립플롭은 통thong 또는 통 샌들로도 불린다. 마놀로 블라닉에서도 꾸준히 출시되는 통은 스웨이드 소재에 터키석이나 에스닉한 느낌으로 장식되어 휴양지 패션뿐만 아니라 도심 속의 히피 룩에 격을 높이기도 한다.

한때 롱스커트에 통 샌들을 신는 유행에 동참한 적이 있다. 에스닉 제품을 파는 가게에서 인도풍의 화려하게 장식된 통 샌들을 사서 신었는데, 마치 낯선 도시를 탐험하는 기분이 들었다. 미풍에 휘날리는 스커트와 신고 걷기에 매우 편한 신발. 돌아와 살펴보니 도심의 먼

지를 뒤집어쓴 발바닥은 까맣게 변해 있었지만.

자유로움을 추구하는 사람들일수록 하이힐을 고문기계에 빗대어 말하고는 한다. 하지만 슈어홀릭은 일상에서 늘 새로운 기분을 느끼게 해주는 예쁜 하이힐이 있기에 어쩌다 한 번 일탈의 시간을 함께 보내는 플립플롭에 자유를 느끼는 것일지도 모른다.

# 5
# 타인의 취향,
# 플랫폼 슈즈

취향이라는 건 의외로 바꾸기 쉽지 않다. 핑크색을 좋아하는 친구 S는 옷, 구두, 심지어 문구류까지 핑크색이라는 단 하나의 이유 때문에 구입한다. 심지어 싸이월드 홈페이지도 핑크 일색으로 꾸민다. 타칭 핑크공주이자, 자칭 핑크홀릭인 그녀는 자타 공인의 '핑크' 정체성을 갖게 된다. 이렇듯 평생 바뀌지 않을 것 같은 확고한 취향도 때로는 쉽게 변하기도 한다. 변심의 이유는 타인에게 받은 어떤 생경한 자극 때문이지 않을까.

나 또한 신발을 좋아하므로 대체로 가리지 않았건만 유독 '지우개 신발'이란 별칭이 붙은 플랫폼 슈즈는 받아들이기 쉬운 대상이 아니었다. 이 앞과 뒤에 동일한 두께와 높이로 붙어 있는 굽의 육중함이란 세련됨을 추구하는 오피니언 리더라면 거들떠보지도 않을 저급한 취향의 상징 같았고, 심지어 섹시함보다는 기이한 뭉툭함만이 남아 내게 비호감의 영역으로 분리되었다.

패션을 단지 상류(혹은 상류처럼 보이고 싶은 일부)의 전유물이라고 생각하면 곤란하다. 반대로 가진 자에 대해 저항하기 위해서나 자신이 비주류임을 확실히 구분 짓기 위해 패션을 이용하는 경우도 있다. 이들은 주류들의 문화에 반하여 자신들의 문화를 만들어내고, 오히려 이 비주류에서 시작된 스타일이 주류로 확장되는 경우가 왕왕 발생하기도 한다.

1970년대 후반, 영국의 실업률이 최고조에 달한다. 산업혁명의 주역이었던 탄광은 폐쇄되고, 그들에게 남은 것은 약속받지 못한 미래에 대한 암담함뿐이다. 그 반동으로 등장한 펑크punk는 한마디로 혐오감을 조성했다. 더럽고 구겨진 옷들은 스터드 장식이 달린 검정 가죽 재킷, 찢어진 청바지, 자극적인 멘트의 티셔츠 일색이고, 스킨헤드 또는 레드와 같은 자극적인 원색으로 물들인 모히칸 헤어스타일을 했다. 여기에 코와 입, 이마 등에 과도한 피어싱을 하여 폭력적이고 기괴한 이미지를 가진 백인들을 펑크족이라 부르게 된다.

당시 여유로움과 우아함의 상징으로 고 다이애나 비로 대표되던 슬런 레인저sloane ranger(영국 상류계급 출신의 멋쟁이로 고전적인 스타일의 값비싼 옷을 즐김)들의 고상한 스타일과 난폭한 펑크 스타일은 부와 가난함이라는 양극화 현상의 사회성을 엿볼 수 있는 표지였다. 하지만 이 물과 기름 같은 사회 스타일을 희석시킨 이가 있었으니 바로 섹스 피스톨즈로 대표되는 펑크록과 함께 등장한 비비안 웨스트우드이다.

1976년 당시 섹스 피스톨즈의 매니저 맥 라렌의 연인이었던 비비안 웨스트우드는 영국 킹스 로드에 있는 '섹스SEX'라는 부티크에서 섹스 피스톨즈를 위한 펑키한 의상을 제작했다. 펑크록의 저항정신은 비비안의 아방가르드와 섹시함을 추구하는 취향이 만나 모두가 탐낼 만한 패션으로 완성된다. 모델들은 버슬 스타일처럼 엉덩이를 강조하고 타워 위에 올라선 듯 플랫폼 슈즈를 신었는데, 아슬아슬하면서도 도발적으로 보이기에 충분했다.

사실 플랫폼 슈즈가 비비안에 의해 펑크적 요소로 채택된 것이긴 하지만, 오히려 이전 글램록glam rock에서 그 줄기를 찾아야 한다. 데이비드 보위로 대표되는 글램록은 퇴폐적이고 인위적인 음악과 함께 양성적 스타일이 특징이다. 성별을 구분할 수 없는 진한 화장과 옷차림의 스타일을 완성시켰던 것은 바로 거대한 플랫폼 슈즈였다. 앞과 뒤의 굽을 드라마틱하게 높인 그 슈즈는 무대 위에서 압도적인 이미지를 만들어낸다. 백 번의 말보다 한 번 보는 것으로 글램 스타일을 이해하고 싶다면, 이완 맥그리거 주연의 영화 〈벨벳 골드마인〉을 추

(다리가) 너무 짧다면, 아주 높은 하이힐을 신어라!
하지만 걷는 연습을 해야 한다.

Too short? Wear big high heels, but do practise walking!
— 빅토리아 베컴 Victoria Beckham (가수)

천한다. 이 영화는 글램 스타일을 이해하기에 매우 효과적인 비주얼을 보여준다.

1993년 비비안 웨스트우드의 패션쇼에서 세 개의 스트랩이 달린 보라색 플랫폼을 신고 워킹하던 나오미 캠벨이 넘어졌다. 최고의 슈퍼모델이 캣워크에서 넘어지다니! 하지만 지면에서 한참 높은 신발 위에 올라 있던 나오미의 어처구니없는 실수는 아닐 것이다. 그 시즌 최고의 화제였던 낙상(?)에도 불구하고 여전히 모델을 가부키로 변신시키는 것을 좋아하는 크리스찬 디오르의 존 갈리아노는 2003년 디오르 쇼에서 족히 20센티미터는 넘어 보이던 플랫폼으로 모델들을 쓰러뜨린다. 예술이라고 칭하기에는 가학성까지 느껴지는 순간들이다.

이렇듯 잘 준비된 패션쇼에서의 플랫폼 사고가 가벼운 해프닝이라면, 1990년대에 가수 아무로 나미에의 영향으로 일본에서 통굽 부츠가 대유행했을 때 통굽 때문에 운전하던 여자가 브레이크를 못 밟아 세상과 작별했던 끔찍한 사건이 있었으니 하늘 높은 줄 모르고 탑을 쌓아 올려 신의 노여움을 산 바벨탑과 다를 바 없다. 이렇듯 굽을 높일 수 있는 한계치가 그 어떤 신발보다 큰 플랫폼의 오만함은 재앙과 직결될 수 있다.

특정 플랫폼 슈즈는 마니아층이 형성될 정도로 소중한 아이템이 된다. 바로 비비안 웨스트우드의 로킹호스rockinghorse. 흔들목마라는

뜻의 이 신발은 전체에 나무로 만들어진 굽이 높게 붙어 있는 플랫폼
으로, 뒷부분이 사각형으로 잘려 들어가 일본의 게다가 연상되는 독
특한 디자인이다. 발레리나 토슈즈처럼 발목에 묶을 수 있는 끈이 있
는데 이는 비비안 웨스트우드에 열광하는 일본인들로 인해 특히 유명
해졌다. 영화 〈불량공주 모모코〉에서 로코코 스타일을 좋아하는 전형
적인 롤리타 모모코가 로킹호스 슈즈를 신기도 했으며, 아이 야자와
의 인기 있는 만화 〈나나〉에 등장한 영향으로 국내에도 잘 알려진 플
랫폼이다.

사실 플랫폼은 가장 원시적인 구조이기도 하면서 동시에 가장 변형

이 많이 이루어진 현대적인 디자인이기도 하다. 고대 그리스에서 희극 배우가 신은 코더너스cothurnus나 르네상스 시대의 쇼핀chopin과 같이 플랫폼의 전신으로 보이는 슈즈들은 먼 옛날부터 존재했고, 20세기 들어 말 그대로 통굽의 플랫폼과 쐐기처럼 굽이 박혀 있는 형태의 웨지힐, 그리고 최근 마켓의 뜨거운 감자인 가보시힐을 모두 플랫폼이라 통틀어 부르기도 한다.

통굽을 저급한 취향이라고 몰아세우던 나였으니 이와 사촌관계인 웨지힐과 가보시힐에 무심할까? 아니, 오히려 열광한다.

웨지힐은 특히 굽에 디자인 포인트가 들어가는 것이 많다. 무엇보다 굽에 마 줄기를 꼬아 장식한 에스파드리유espadrille는 여름이면 꼭 가져야 할 신발 중 하나. 에스파드리유는 어퍼를 주로 가벼운 캔버스천이나 화려한 프린트의 패브릭으로 만들어 매해 여름 리조트 룩에 빠지지 않는 제안이다.

불과 한두 해 전, 10센티미터의 굽도 힘들어하는 사람들에게 족히 12센티미터 이상의 힐을 가진 킬힐이 등장했다. 높은 굽이 다리를 길고 날씬하게 보이게 해주는 효과를 주어 스타일리시함의 정점에 섰던 것. 이것을 신고 과연 걸을 수 있을까라는 의문을 쉽게 잠재워준 것은 바로 가보시힐 덕분이었다. 앞에 1~2센티미터 정도의 굽을 대어 보행을 책임진 가보시힐은 드러내놓기보다는 속으로 앞굽을 숨겨 어퍼

레더로 감싼 디자인이 더 성행한다. 마치 엄청난 높이여도 잘 걸을 수 있다며 과시하듯. 킬힐을 신고 걸으면 뒤뚱거리기 일쑤고, 발목이 꺾이는 일이 다수다. 그러나 굽만 가지고 패션 빅팀이라 하기에는 정말 '죽이게 멋진' 디자인이 많다.

여전히 통굽인 '지우개 신발'을 보면 황당하다. 정말 타인의 취향이라는 말이 딱 맞을 정도로. 하지만 변형된 플랫폼에 크리스찬 루부탱과 같은 고감각의 디자인이 결합되면, 정말 멋진 플랫폼 슈즈가 많은 세상에서 태어나 다행이라는 생각마저 든다. 키를 높여주고, 발을 작아 보이게 만들며, 다리를 길어 보이게 하는 이 플랫폼이 심지어 걷기에도 안성맞춤이라면, '미스 완벽Miss. Perfect' 그 자체니까.

## 6

# 아트와
# 패션의 경계

컴퓨터를 켜면 늘 만나는 네이버 메인 페이지의 뉴스는 시시각각 비주얼을 바꿔대며 클릭을 유도한다. '굽 없는 하이힐?' 2008년 F/W 런던 컬렉션 풍경 중 굽의 형태 그 자체가 부러져 웨지힐처럼 앞쪽으로 붙어 있는 형상의 슈즈가 눈에 들어왔다. "하, 특이하다"라고 외치기에는 이걸 어쩌나, 풍기는 분위기를 제외하고는 앞선 S/S 시즌 뉴욕의 마크 제이콥스가 캔디 컬러로 선보인 펌프스와 형태 면에서 거의 흡사한 걸.

유독 2008년 컬렉션에는 예술에서 영감을 얻은 디자인들이 눈에 많이 띄었다. 그동안 과거를 재탕하는 것에 급급했던 디자이너들이 드디어 새로운 영역에 도전해 보려고 했는지, 마크 제이콥스의 '부러진 굽이 있는 펌프스'라 이름 붙일 법한 슈즈는 권위 있는 패션 사이트 스타일닷컴에서 주목하는 등 센세이션을 불러일으켰다.

이렇듯 마크 제이콥스의 아이디어가 단순히 굽을 없애고 싶었던 사람들의 상상력에 보답하기 위한 위트 있는 작품이었다면, 로맨틱한 꽃 정물화를 보았는지 프라다는 한 송이의 장미로 굽의 형태를 만들기도 했다. 이렇듯 계속되는 봄의 화신인 꽃에 대한 해석은 발렌시아가의 니콜라스 게스키에르라는 혁명적인 사고의 소유자에게 들어가면 조형 작품으로 변화된다. 플라워 프린트는 자칫 촌스러울 수도 있는 모티브지만, 볼륨을 넘어서 구조물 같은 기하학적인 실루엣(마치 야구공이나 스포츠카의 보닛 같은 형태)에 프린트되면 새로움(실루엣)과 익숙함(꽃)이 만난 하나의 매혹적인 디자인이 되었으니까. 물론 그와 어울린 조각을 하나하나 이어붙인 듯 세심한 스티치의 부츠와의 조화도 예술적이다.

디자이너들에게 마르지 않는 샘 같은 존재는 예술에서 얻는 영감이다. 21세기에 들어서 반복되는, 20세기로 떠나는 레트로가 지겨웠던 나로서는 뭔가 기발한 디자인을 만날 때마다 반가운 기분이 든다. 흔히 이런 독특한 디자인을 두고 아방가르드한 디자인이라는 말을 붙이고는 하지만, 예술에서 직접적으로 영감을 얻은 것들은 아트라는 표현 그 자체를 쓰는 것이 더 적절하게 느껴진다.

예술가는 사람들이 가질 필요가 없는 것들을 생산하는 사람이다.

An artist is somebody who produces things that people
don't need to have. – 앤디 워홀Andy Warhol(팝아티스트)

패션과 예술의 흐름은 함께 간다. 모두 새로운 것을 창조하는 영역이기 때문에 그렇다 하더라도, 사실 패션이 예술의 흐름에 동참하려는 경우가 더 많긴 하다. 물론 팝 아티스트 낸시 랭이 자신의 회화 모티브로 루이비통 가방과 샤넬 립스틱을 사용하거나, 미국의 화가 찰스 다나 기브슨이 즐겨 그린 소녀들의 패션은 이내 기브슨걸 스타일이란 대명사가 되기도 한다. 이처럼 가끔 예술이 패션에서 모티브를 가져오기도 한다.

한참 패션 공부에 빠졌을 때, 동시에 예술의 흐름에 대해서도 같이 알아야 이해의 폭이 깊어질 것이라 생각해 현대미술 수업을 들은 적이 있다. 종교적 색채를 버린 현대서양미술은 인간의 상상력에 대한 한계를 실험하는 듯 소재와 표현에서 무한했고, 매 시대마다 등장하는 새로운 개념과 시도들은 패션 디자이너들의 디자인 방향을 제시할 정도였다. 아르누보, 아르데코 시절부터 실루엣에 영향을 받기 시작하더니 이브 생 로랑은 몬드리안의 추상 콤포지션을 H라인 원피스에 옮겨놓은 몬드리안 룩을 만들었다. 또한 미니멀 아트에 영향을 받아 그 개념 자체를 군더더기 없는 심플함으로 표현한 미니멀리즘 패션도 있었다. 그중에서도 가장 흥미로운 것은 바로 초현실주의다.

앞서 말한 마크 제이콥스의 아이디어도 초현실주의에서 나왔음을 아주 쉽게 눈치 챌 수 있다. 1920년대를 이끌었던 예술사조의 하나인 초현실주의는 프로이트의 정신분석학 이론에서 영향을 받아 내면세계나 꿈의 세계를 표현한다. 모자나 파이프와 함께 특유의 블루 색감이 생각을 자랑하는 르네 마그리트가 대표적이고, 늘어진 시계 그림으로 유명한 살바도르 달리도 대중들에게 잘 알려진 작가이다.

초현실주의 영향을 받은 대표적인 디자이너로는 당시 코코 샤넬의 라이벌로 알려진 이탈리아의 엘자 스키아파렐리가 있는데, 바닷가재를 늘어뜨린 이브닝드레스 등 기발한 요소를 첨가한 작품들을 선보인 바 있다. 그녀는 내면의 고통을 그린 멕시코 초현실주의의 대표작가인 프리다 칼로에게서 영감을 얻기도 했다.

초현실주의를 표현하기 위한 여러 가지 방법 중에 '데페이즈망 dépaysement'이라는 것이 있다. 원래 '환경의 변화'를 뜻하는 말로 전혀 다른 두 물체를 대비시키면서 그 낯선 대비를 통해 전해져오는 강렬함으로 사람을 묘하게 만드는 것인데, 주로 프랑스 시인 로트레아몽 시의 한 구절인 '수술대 위의 재봉틀과 우산의 만남'이라는 표현으로 설명된다.

안트웨르펜 출신 디자이너 빅터 앤 롤프는 굽 없이 떠다니는 느낌의 워킹과 함께 파리 컬렉션에서 바이올린 모티브를 블라우스에 붙여 놓기도 했다. 마치 피카소의 콜라주처럼. 또 색채의 마술사라 불릴 만큼 색감이 발달해 있는 이탈리아 출신의 디자이너인 에밀리오 푸치나 미소니는 유행에 크게 구애받지 않은 브랜드의 시그니처인 드라마틱한 패턴을 선보이며 부유층의 심미안을 만족시키고 있다.

이처럼 예술과 패션이 만나 환상적인 호흡을 맞춘 사례는 많다. 그렇다면 고정관념을 탈피한 구두를 정말 신을 수 있을까? 그 답은 패션 피플 안나 피아지의 현란한 옷차림과 레이디 가가의 패션 퍼포먼스를 떠올려보면 쉽다. 엄청난 상상력을 시도하는 사람은 선구자 혹은 괴짜로 여겨지지만, 이러한 시도는 패션계에서 꼭 필요한 창조를 위한 실험정신이자 진부한 것들에서 벗어나게 만드는 활력소이다.

스페인의 천재 건축가 안토니오 가우디는 아르누보 감성의 예술적인 건축으로 유명하다. 그는 자연에서 영감을 받았고, 후안 무네라는 화가와 오랫동안 함께 작업했다. 그는 건축가란 무릇 균형에 대한 타고난 감각을 지니고 있어야 한다고 생각했는데, 철로 된 지지대가 있고 못으로 연결하며 마지막으로 치장의 과정을 거치는 슈즈도 어찌 보면 하나의 건축이라 할 수 있지 않을까.

슈즈 또한 미적으로 아름다우면서도 균형감각을 가지고 있어야 함은 당연하다. 이 균형감각은 단지 실질적으로 걸을 수 있고 없고의 차이가 아닌 예술적임과 동시에 상업적이어야 한다는 것이다. 미술도 거래되는데, 버젓이 산업이라 이름 붙은 패션이 매출을 신경 쓰는 것은 당연하지 않을까? 혁신적인 디자인도 결국 잘 팔려서 영원히 사랑받을 만한 성향을 가지고 시도되어야 한다.

클래식한 슈즈 브랜드의 대명사도 한때는 혁신이라는 의미였다. 파리의 전설적인 구두 디자이너로 스틸레토힐을 처음으로 만들기도 했던 로제 비비에르는 크리스챤 디오르, 이브 생 로랑의 슈즈 디자이너로도 활동했는데, 당시에 슈즈 스타일리스트라 이름 붙을 만큼 다양한 시도를 했다. 뒤꿈치 모양을 피라미드, 실패, 공 모양 등으로 디자인했을 정도로 그의 슈즈는 당시에 획기적이었고, 이제 시대가 바뀌어 그에게 오마주를 표현하는 것은 스틸레토힐과 네모난 버클이다. 지금은 부르노 프리소니가 로제 비비에르의 디자인을 로맨틱하게 전개시키고 있다.

지금은 매우 보수적인 디자인의 발리도 아폴로호의 닐 암스트롱이 달에 첫 발을 닿을 때 신었던 부츠를 만든 바 있다. 토즈가 1986년에 만든, 자갈 모양의 고무가 박혀 있는 드라이빙 슈즈 페블 로퍼는 편안한 착화감과 충격 방지 기능으로 지금까지 드라이빙 슈즈의 대명사가 되어 토즈를 군림시키고 있다.

보수파들이 지금 클래식한 디자인이라 여기는 것도 한때는 혁신이었고, 급진파들이 사랑하는 새로움도 대중성을 띠게 되면 클래식이된다. 중요한 것은, 예술이 가변성과 동시에 영원히 후대에 계속 영향을 미치는 생명력을 가지고 있으니 어떠한 상상력도 괄시해서는 안된다는 것이다. 그러므로 새롭게 시도되는 상상력을 사랑할 수밖에없다.

그런 의미에서 부러진 굽이라는 타이틀이 어울릴 마크의 그 슈즈를사고 싶냐 물어보신다면, 아직은 소인인지라 옆 라인의 다리가 뭉툭하게 느껴지는 실루엣을 소화하기에는 무리가 있다고 말하겠다. 그래도 예전에 YSL에서 선보인 앤틱 가구 다리와 닮은 굽의 퍼플 컬러 새틴 슈즈는 충분히 사랑해 마지않을 아이템. 내가 원하는 건 좀더 우아한 상상력이었나 보다.

# 7
## 소녀의 꿈,
# 발레리나 플랫 슈즈

메이크업 아티스트의 꿈을 안고 파리로 유학 갔던 지인에게서 드가의 〈무대 위의 무희〉가 담긴 엽서를 받았다. 아웃포커싱 처리된 배경을 뒤로한 채 여러 겹으로 된 황홀한 튀튀(여러 겹의 비단 혹은 나일론으로 만든 주름 치마)를 입고 토슈즈를 신은 발레리나는 몽환적인 표정으로 몸짓을 취하고 있다. 처음 접한 드가의 그림에 빠져든 나는 이내 프랑스 인상파 작가인 그가 발레리나를 많이 그렸다는 사실을 알아내고는 의아해졌다. 왜 당대를 리드했던 유명한 공작부인이 아닌 그저 불특정 다수의 발레리나였을까.

"발레가 좋아서도 아니고 여인들에게 어떤 종류의 정을 가져서도 아니다. 다만 그들의 움직임, 시각의 변화가 눈길을 끌기 때문이다."

발레리나와 드가 사이에 로맨틱한 사건이라도 기대했던 내게 그가 남긴 말은 너무 현실적이어서 김이 빠질 지경이었다. 드가가 발레리나에게 매료된 것이 움직임이라는 태도 그 자체였다니. 사실 우아함이란 고전적으로 여성들에게 요구된 무언의 압력이다. 입을 크게 벌리고 천박하게 웃지 말 것, 사뿐사뿐한 움직임으로 거닐 것. 여성들의 거친 태도를 용납하지 않는 사회에서 완벽하리만큼 우아한 몸짓으로 관객과 이야기하는 발레리나는 전통적인 여성성으로서의 동경의 대상이 될 수밖에 없었을 것이다.

보통 내게 크리스마스는 발레 〈호두까기 인형〉으로 시작한다. 핑크빛 리본과 하얀 튀튀에 싸인 클라라의 모습은 어린 시절 가지고 놀았던 봉제인형을 연상시켜 그 시절로 돌아간 착각과 순수한 기쁨을 주었으니까. 사실 대다수의 여성들에게 핑크색, 리본, 작은 얼굴과 날씬한 몸매의 발레리나는 가장 여성적인 이미지로 각인되어 있다(물론 매튜 본의 〈백조의 호수〉에서는 남성적인 아름다움을 찾을 수 있지만. 그 섬세한 근육이란!).

발레리나는 많은 패션 디자이너들에게 다양한 영감을 주는 모티브 중 하나라고 할 수 있다. 드가처럼 발레리나라는 이미지와 움직임에 평생 사로잡힌 디자이너도 있지만 발레를 할 때 필요한 튀튀나 토슈즈, 공단 리본 끈이나 워머, 혹은 레오타드(소매가 없고 몸에 꼭 끼는,

아래위가 붙은 옷) 같은 아이템 그 자체에서 이미지를 빌려오는 경우가 많다. 특히 토슈즈는 발레리나 플랫 슈즈 혹은 발레리나 펌프스라는 이름으로 변형되어, 다양한 브랜드에서 빠지지 않고 출시되는 제품군이다.

발레리나 플랫은 굽이 보통 1센티미터도 안 되고 발을 끼어 넣는 부분이 셔링이 잡혀 있어 신으면 발에 꼭 들어맞는 디자인이 많다. 마치 가죽으로 만든 덧신을 신는 기분이라고나 할까. 그래서 발 모양이 아름다우면 발레리나 플랫 슈즈가 아주 멋지게 어울린다. 또다른 디자인으로 기껏해야 1~2센티미터의 굽을 가지고 있는 발레리나 펌프스는 발에 꼭 맞게 디자인되지는 않는다. 발등이 많이 노출되어 발가락이 살짝 보이는 디자인이 많은데, 이 디자인이 가져오는 효과란 굽이 없어도 다리가 길어 보이며, 특히 살짝 보이는 발가락 골과 걸을 때마다 드러나는 발등 뼈가 섹시한 느낌을 준다는 것.

단순한 우아함이 무엇인지를 말해 주는 샤넬에서도 진주와 리본으로 장식된 하이힐 외에도 다양한 버전의 플랫 슈즈가 출시되고는 한다. 투명한 굽으로 미래적인 느낌을 살린 디자인도 있었고, 캉봉 라인의 커다란 C 로고가 돋보이는 실내화처럼 굽을 찾아볼 수 없는 발레리나 슈즈는 큰 인기를 끌기도 했다. 명품 브랜드에서 만드는 발레리나 플랫 슈즈가 시즌마다 하나씩 선보이거나 일시적으로 출시되는 것

전 항상 **플랫 슈즈**를 신어요. 왜냐하면 다른 것을
신으면 걸을 수 없거든요.

I always wear flat shoes, because I can't walk
in anything else. – 새디 프로스트 Sadie Frost (영화배우)

이라면, 전문 브랜드에서 만날 수 있는 발레리나 플랫 슈즈는 더 특별하다.

레페토라는 브랜드는 발레용품 메이커로 출발했는데 발레슈즈에서 모티브를 얻어 제작한 일반 컬렉션을 선보이기도 한다. 다른 브랜드에서는 쉽게 찾아볼 수 없는 포인트point라는 발레 토슈즈와 같은 디자인이 특히 돋보인다. 오리지널 발레리나의 기분을 느끼게 해주는 레페토가 조금 생소하다면, 케이트 모스를 비롯하여 그의 추종자들인 미샤 바튼과 린제이 로한과 같은 셀러브리티가 애용해서 가장 유명해진 전문 레이블도 있다. 바로 고향은 런던이건만, 디자이너 제인 윙크워스가 어린 시절 프랑스 남부 생 트로페에서 보낸 시절을 못 잊어서인지 파리지앵의 느낌을 풍기는 브랜드 네임의 프렌치솔French sole. 프렌치솔은 앞코가 굉장히 짧으며 가느다란 리본이 매어져 있고, 굽은 거의 1센티미터 정도의 고정적인 실루엣을 가지고 있다. 하지만 소재에서는 상상력을 무한대로 발휘한다. 특히 송치 소재로 만들어진 플랫 슈즈가 고급스러운 느낌과 독특한 느낌을 모두 주어 가장 선호되기도 한다. 프렌치솔이 삼십대 이상의 여유 있는 여성들을 대상으로 한다면, 그 세컨드 라인인 런던솔은 좀더 젊은 층을 대상으로 한다.

이 런던솔이 사라 제시카 파커, 시에나 밀러 등의 이름을 등에 지고 유명해진 전문 브랜드라면, 랑방의 플랫 슈즈는 토털 브랜드에서 출시된 것 중 가장 많은 사랑을 받았다. 발에 꼭 맞는 형태로 별다른 장식 없이 베이직한 디자인인데, 케이트 모스가 스키니 진과 함께 코디해서 유행한 아이템이다. 미샤 바튼도 번쩍이는 골드 핫픽스로 된 랑방을 신은 바 있다. 게다가 발레리나 플랫 슈즈의 이미지는 아니지만, 마놀로 블라닉에서는 섹시함의 상징답게 앞코를 길게 뺀 1960년대 모즈 룩(상류를 타깃으로 하여 훨씬 고급스러운 느낌의 송치 소재로 지브라 혹은 레오파드 패턴의 장식적인 디자인이 다수지만) 느낌의 플랫 슈즈가 꾸준히 출시된다.

무한열풍의 플랫 슈즈는 단지 발레리나의 이미지를 떠나 스타일리시한 아이템 그 자체로 군림하게 되며, 유행을 떠나 클래식한 아이템 그 자체가 되었다. 최근 플랫 슈즈의 대명사가 된 런던솔의 카피는 'kick off your heels'인데 아무리 그들이 힐을 차버리라고 조장해도 힐이 주는 매력은 사실 포기하기 어렵다. 그러니 많은 셀러브리티들을 비롯한 여성들은 플랫 슈즈를 힐과 동시에 사랑하는 방법을 택할 수밖에 없다.

킬힐과 플랫 슈즈라는 극과 극의 유행이 지속되고 있는 요즘, 사람들은 킬힐파와 플랫파로 나뉘어 각기 따로 걷기도 하지만 한편으로는 둘을 공유하는 사람들이 더 많다. 왜냐하면 나의 경우 믿어지지 않겠지만, 킬힐이 플랫 슈즈보다 걷기 편했으니까.

자꾸 언급하기에 민망하게도 내 발은 예쁘지 않다. 발볼이 넓어서 발을 감싸는 셔링이 잡힌 플랫 슈즈의 조임(심지어 잘 늘어나지도 않는다)과 낮은 굽 때문에 아킬레스건이 당겨져서 불편했다. 게다가 발 모양이 그대로 드러나 미적으로도 아름답지 않았다. 특히 앞코가 짧은 디자인은 더하다. 발가락에 온힘을 주고 걷는 기분은 느껴본 사람만이 안다. 발가락에 근육이 안 생기는 것이 신기할 정도다.

발레리나들의 발이 예쁘지 않다는 사실과 모순되게 발레리나 플랫 슈즈는 오히려 발 모양이 아름다운 이들을 위한 것이다. 그렇지만 이런 여러 악조건 속에도 불구하고 플랫이 주는 매력에서 벗어날 수 없다. 바로 물 아래서 발버둥 칠지언정 물 위에서는 우아한 백조처럼 겉보기에는 사랑스럽고 자유로워 보이는 소녀의 이미지인지라 그 정도의 수고 따위는 감수하는 것이다. 게다가 발레는커녕 까치발로 5분 이상 버티기도 무리지만 플랫 슈즈를 신은 그 순간은 발레리나가 된 것 같은 기분을 느낄 수 있지 않은가. 물론 발레리나의 우아한 태도마저 따라할 수는 없지만, 단지 그런 유의 기분전환이 주는 고전적인 연약함을 신발 하나로 느껴보고 싶었던 모양이다.

# 8
## 뉴요커의
## 찬란한 트로피

빅애플, 멜팅 포트Melting pot, 뉴욕타임즈, 모마MOMA, 소호, FIT(Fashion Institute of Technology), 뉴욕양키즈, 타임스퀘어…… 그리고 새롭게 추가된 9·11 테러. 이 줄줄이 연상되는 모든 단어의 공통점은? 딱 하나, 바로 뉴욕! 그리고 이 모든 것은 대중의, 대중에 의한, 대중을 위한 문화를 만들어내고 있는 다양한 국적의 소유자인 뉴요커의 세련된 감각 덕분이다.

1990년대에 들어서 세계적으로 대세를 이룬 트렌드는 한마디로 에콜로지와 다양성이다. 에콜로지는 말 그대로 친환경에 대한 감수성으로, 텐셀(레이온계 재생섬유)과 같은 소재를 개발하거나 젠Zen 사상에서 영향을 받아 대나무 같은 오브제를 인테리어의 요소로 활용하고,

심신의 안정을 위해 요가에 심취하는 식이다. 이 감성은 아직까지 웰빙이라는 이름으로 사람들의 라이프스타일을 이끌어간다. 이보다 다양성은 더 흥미롭다. 인종, 성별, 나이에 따라 저마다의 사고방식과 스타일이 있다는 것이 바로 패션의 유행으로 나타나서 흥미로웠으니까.

뉴욕은 세계의 수도이다. 금융계의 핵심인 월스트리트에서 세계 경제 흐름을 쥐락펴락하듯이 패션지 〈보그〉(세계 각국에서 발행되는 〈보그〉에는 〈보그 코리아〉 식으로 나라 표기가 있으나, 미국의 〈보그〉는 그저 〈보그〉이다)와 매년 열리는 패션위크 중 가장 먼저 개최되는 올림푸스 패션위크로 패션계에 영향력을 행사한다. 또한 모든 현대미술이 뉴욕에서 활동하는 화가를 중심으로 서술되기에 예술의 중심도 뉴욕이다. 뉴욕은 가진 것만큼 특별한 도시다.

흔히 뉴요커 하면, 지적이고 섹시하며 날씬한 컬러인 블랙으로 차려입은 커리어우먼이 떠오른다. 왜 뉴요커는 블랙을 좋아할까에 대해서 많은 사람들이 제시한 가설들이 있는데, 가장 그럴듯한 것은 바쁜 아침에 일어나 아무거나 맞춰 입어도 블랙으로만 색상을 맞추면 세련된 코디네이션이 완성된다는 것이다. 그러나 비록 쉽게 느껴지더라도 전부 블랙 컬러로 맞출 때 소재의 선택을 잘못하면 매우 언밸런스하게 보여 실은 상당히 고심해야 하는 스타일링이라는 반론도 있다. 또

그레이 컬러가 뉴요커를 지배한 적도 있었는데, 블랙은 먼지가 잘 묻고 눈에 잘 띄므로 먼지도 많은 월스트리트의 회색 빌딩들과 잘 어울리는 그레이가 진정한 뉴요커의 컬러라는 주장도 꽤 설득력 있었다. 하지만 어떤 유행이 닥치면 잠시 바람을 피우다가도 뉴요커는 결국 블랙으로 돌아가버린다.

〈문 리버Moon River〉가 BGM으로 흘러나오는 뉴욕의 거리, 아침과 어울리지 않게 우아하게 틀어 올린 업스타일과 여러 줄의 진주 목걸이를 LBD(리틀 블랙 드레스)에 매치한 파티 차림의 홀리(오드리 햅번)가 뉴욕의 상징인 옐로 캡 택시에서 내려 티파니 보석상점 앞에 선다. 쇼윈도에 진열된 보석을 들여다보며 크루아상과 커피로 아침을 먹던 1960년대 영화 〈티파니에서 아침을〉의 이 오프닝은 바로 뉴요커 스타일이 무엇인지 보여준다. 영화에서 오드리 햅번은 파티를 위해서는 프랑스 디자이너 지방시의 옷을 입기도 했지만 일상적인 모습은 블랙 카디건과 팬츠로 심플하게 멋을 낸 뉴요커 그 자체다.

시간은 많이 흘렀지만 지금의 뉴요커들도 그와 다르지 않다. 그들은 예술적인 파리 모드를 사랑함과 동시에 뉴욕의 디자이너들이 만들어내는 심플한 의상들을 일상에서 즐긴다. 블랙이 확고하게 뉴욕의 1990년대를 지배할 수 있었던 것은 의외로 파리로 진출한 일본 디자이너들의 역할이 컸다. '블랙 쇼크'란 말을 석유 파동이라고 생각하지

말 것. 요지 야마모토, 레이 가와쿠보로 대표되는 일본 디자이너들의 아방가르드한 실루엣과 즐겨 사용했던 블랙 컬러는 화려한 컬러 일색이던 1980년대에 신선한 충격이었다.

블랙 쇼크가 뉴요커들에게 받아들여진 것은 바로 캐롤린 베세트 케네디 덕분이었다. 전형적인 뉴요커였던 그녀는 캘빈 클라인의 홍보우먼이었으며(캘빈 클라인은 그녀가 풍기는 지적인 외모와 스타일이 정확히 캘빈의 이미지였다고 말한다), 주니어 케네디 2세와 결혼해 일약 셀러브리티가 되었다. 케네디 家의 저주가 그들 부부를 비켜가지 않아 비행기 사고로 요절했지만, 여전히 캐롤린 베세트는 요지 야마모토의 의상을 좋아하는 세련된 뉴요커로 기억된다.

뉴요커에게도 스타일 아이콘은 당연히 존재한다. 캐롤린 베세트만큼 1990년대의 기네스 팰트로가 그랬다. 영화 〈위대한 유산〉에서 센트럴파크 분수대를 배경으로 도나 카란의 그린 컬러 슈트를 입고 서 있던 그녀는 여전히 가장 인상적인 스타일로 남아 있다. 뉴요커들은 날씬한 몸매와 금발, 창백한 피부에 좋은 가문에서 태어난 기네스가 뉴욕의 상류를 대표한다고 생각했다.

1980년대 뉴요커를 위한 매혹적인 커리어우먼 스타일을 만든 사람은 도나 카란이었다. 도나 카란은 파티가 많은 뉴요커들을 위해 이너웨어만 바꿔 입으면 슈트 한 벌로 워킹 룩에서 파티 룩으로 변신이 가능한 투웨이 스타일을 제시하기도 했는데, 그 이후로도 커리어우먼들은 캘빈 클라인, 랄프 로렌, 도나 카란이라는 뉴욕을 대표하는 세 개의 메이저 브랜드를 통해 확고한 스타일을 갖는다.

이때부터 뉴요커 사이에는 슈트에 하이힐 대신 스니커즈를 신는 유행이 퍼졌다. 아방가르드, 스포티즘을 바탕으로 캘빈 클라인의 팬츠 슈트에 스니커즈를 매치시키고, 후드 집업에 정장 팬츠를 매치하기도 했으며, 마지막으로 스니커즈를 신는 식이었다. 〈보그〉에 소개된 한 칼럼에서는 "하이힐만을 신던 (〈보그〉의 편집장) 안나 윈투어가 후드 카디건과 스니커즈를 매치한 모습을 보였다. 이로써 스포티 룩이 전 세계적으로 유행할 것임을 감지할 수 있었다"라고 했을 정도였다.

그들은 여전히 스니커즈를 신고 출근하고 직장에서는 하이힐을 신는다고 한다. 어떤 신문의 칼럼에서는 이런 뉴욕 여성들이 진정한 워킹우먼의 모습이라고, 한국의 커리어우먼들은 하이힐을 신고 출근하고 회사 내에서는 슬리퍼로 갈아 신는다며 그 행태를 비꼬기도 했다.

사실 뉴요커의 오리지널 슈즈라고 한다면 단연 높은 지위로 올라가고자 하는 욕망과 성공의 트로피인 하이힐이다. 1980년대의 어깨를 강조한 파워슈트에 신었던 하이힐만큼 뉴요커의 이미지에 부합되었던 것도 없다. 이 시기 연약한 여성이 아닌 당당한 사회 일원으로서의 커리어우먼들의 정신은 지금까지도 이어진다. 그래서 뉴요커들의 악수는 힘이 넘치고, 이들의 전형적인 스타일은 가장 트렌디한 패션으로 세계적인 영향을 가진다. 무엇보다 그들은 현대미술의 중심지에 살고 있다는 문화적으로 유리한 지역적 특성을 가지고 있어서 다른 도시에 사는 사람들을 매혹시킨다.

제2차 세계대전이 일궈낸 것은 비단 뉴 룩만이 아니라 예술의 중심이 유럽에서 미국으로 옮겨진 중요한 계기가 되었다. 그 덕분에 요즘 현대 작가들은 파리가 아닌 뉴욕을 찾으며 예술가들이 실질적으로 뉴욕의 경제에 영향을 미치기도 한다. 예를 들이 뉴욕의 부동산 경기가 예술가들의 움직임에 영향을 받은 바 있는데, 소호에서 활동하던 예술가들 덕분에 소호의 부동산 가격이 상승했고 그 이후 감당할 수 없는 임대료 때문에 예술가들이 대거 옮겨가 자리 잡은 첼시 또한 부동산 가격이 상승한다. 가난한 예술가가 지나간 자리는 황금알이 떨어져 있었던 모양이다. 한국의 복부인과는 달리 뉴욕의 집값 영향을 미치는 것은 예술가라는 것만으로도 이들이 만들어내는 부차적인 가치와 예술을 사랑하는 뉴요커들의 영향력이 어느 정도인지를 설명해 준다. 또한, 앤디 워홀, 잭슨 폴록, 키스 해링이나 바스키아의 그래비티 벽화로 생각되던 뉴욕의 현대미술이 패션과도 긴밀히 의사소통을 하며 신선한 트렌드를 만들어내기도 한다.

지금 세계를 지배하는 뉴요커 스타일은 블랙을 벗어나 매우 다양해

불행하게도, 〈섹스 앤 더 시티〉는 뉴욕을
큰 신발가게로 바꾸어놓았다.

Sex and the City changed New York-New York's become
a big shoe store now, unfortunately.
– 크리스 노스Chris Noth(〈섹스 앤 더 시티〉의 미스터 빅 역)

졌다. 단적으로 드라마 〈섹스 앤 더 시티〉가 믹스 앤 매치의 패션, 웨이팅 리스트가 길다는 가장 핫한 레스토랑, 필라테스, 브런치 카페 등으로 라이프스타일을 제시하며 사람들을 열광시키니 이곳을 트렌드 실험장이라고 불러도 좋다. 그러나 단지 도나 카란의 슈트나 〈섹스 앤 더 시티〉의 주인공들의 모습이 뉴욕을 대표하는 핵심이라고 생각하기에는 부족하다. 세계 최대의 멜팅 포트라는 문화적인 배경 그 중심에 예술가들의 창조력이 있다는 매력적인 구성이 뉴욕을 세계의 트렌드 열점으로 만든 근본적 이유다.

최근까지도 가장 인기 있는 뉴요커인 캐리는 뉴욕이 소음과 쓰레기로 가득 차 있는 도시라고 말하는 마린보이에게 "뉴욕은 나의 애인이니 욕하지 말라"고 말한다. 빠져들 정도로 매력적인 이 도시를 살아가는 사람들은 계속해서 전세계적으로 트렌드의 리더로 영향을 미칠 것이다.

# 9
## 하라주쿠걸의
## 슈퍼 가와이

"루이비통의 천국이네."

"에르메스는 어떻고, 오! 샤넬이다."

YSL, 샤넬, 디오르 등 명품 부티크가 즐비하게 들어선 오모테산도에서 럭셔리 브랜드로 치장한 도쿄아이트Tokyoite를 구경했다. 불과 몇 걸음 떨어지지 않는 곳에 여행의 목적지인 하라주쿠 거리가 보인다. 일단 귀엽고 독특한 제품들을 파는 숍들이 눈길을 끌었지만, 웬일인지 화창한 오후였건만 사람들은 많지 않다. 도대체 그웬 스테파니가 첫 솔로앨범 《러브, 엔젤, 뮤직, 베이비Love, Angel, Music, Baby》에서 예찬하던 하라주쿠걸은 어디에 있는가? 게다가 이 유명한 패션 거리, 하라주쿠는 생각보다 짧았다.

열심히 길을 물어 걸어간 신주쿠의 자라Zara 매장 앞에서 또 유동 인구가 제일 많은 횡단보도 앞에서 얼마나 시간이 흘렀는지도 모를 정도로 사람들을 구경했다. 귀여운 카프리 팬츠와 베스트 차림으로 미니 자전거를 타던 소녀부터 시작해 밤이 깊어질수록 '갸루'라고 불리는 태닝 피부와 인상적인 스모키 메이크업의 소녀를 만났고, 밝은 색깔의 머리칼을 휘날리며 걷는 펑크 소녀도 있었다. 도쿄아이트들은 쉽게 말해 저마다 말하고자 하는 뚜렷한 개성을 보여주었다.

부정하고 싶은 사람도 있겠지만, 일본은 스타일에서 한국에 많은 영향을 끼치는 나라 중 한 곳이고 세계적으로도 큰 영향력을 발휘하는 패션마켓이다. 특히 부유한 나라라는 명성에 걸맞게(물론 버블이 터지고 난 뒤 일본 경제가 흔들렸다지만) 여전히 명품 소비력이 높고, 섬나라가 가지고 있는 바깥세상에 대한 동경과 고립이라는 특유의 문화가 융합되어 독창적인 스타일을 창조할 수 있는 여력을 가진다.

멀리 메이지유신까지는 거슬러 올라가지 않더라도, 그들의 개방적인 서양문물의 수용이 오늘날 일본을 만들었다. 지금도 영어로 의사소통이 불가능한 이들이 대다수지만, 갓 들어온 따끈한 서양의 지식을 번역하여 전 국민에게 보급시켜 세계적인 경제대국이 되었고, 오늘날 영어권 원어민이 일본식 영어 발음을 배우는 역전된 모습을 보이는 선진국임은 틀림없다. 서구인들도 자신의 문화를 카피한 것이 분명한데도 이상하게 독자적인 색채를 풍기는 그들에게 매료당한다. 해외 패션 사이트에서 소개되는 아시아 스트리트 패션 중 일순위는 일본이다. 대체적으로 영화 〈게이샤의 추억〉에서 보이는 서양인의 시각일 수도 있지만, 일본이 아시아 국가 중에 패션 면에서 가장 관심을 끈다는 것이 확실하고 이는 흥미로운 스타일이 많다는 증거라 할 수 있다.

일본의 스타일은 분명 자생한 것이 아니라 카피한 것인데, 오리지널리티가 넘치는 이중성을 가진다. 남들을 의식하지 않는 듯 자유분방하게 히프 선 아래로 박스팬티가 다 보이게 내려 입은 바지에 100년은 세탁하지 않은 듯 너덜너덜한 빈티지 컨버스 스니커즈 그리고 정확히 1970년대 분위기가 나는 체인 장식, 앞코가 길고 뾰족한 스타일의 구두에 페도라까지 쓴 그들을 보면 과연 저들이 지금 트렌드가 무엇인지 알고나 있을까, 어쩌면 여기는 세상의 트렌드에서 완전히 빗겨나 고립된 곳은 아닌가 하는 생각이 든다. 그러다가 양갈래 머리를 하고 롤리타 스타일로 코스프레한 소녀를 만나자 방금 만화책에서 튀어나왔나 싶을 정도로 깜짝 놀랄 뿐이다.

여기에 갸루('걸girl'의 일본식 발음에서 기원)라 불리는, 일본 만화책에 단골로 등장하는 소녀들은 어떤가? 갸루는 강한 인상을 보이기 위해 캐러멜색 피부에 입술 컬러는 베이지인 것이 보통이다. 그러면서도 다양한 변형이 있어서 핑크와 레이스, 구불구불 웨이브를 사랑하는 공주인 히메갸루, 고갸루(고등학생 갸루)가 진화해 데콜테를 드러내는 섹시한 분위기의 패션과 명품을 선호하는 오네갸루 등이 존재한단다. 나는 도쿄 스트리트 패션이 한창 주목받다가 사라진 1990년대 말에 그들도 분명 함께 멸종한 줄 알았다. 그런데 21세기에도 버젓이 '변종'을 만들어내며 존재하고 있다.

언제인가 홍대 스트리트 패션을 취재 나갔을 때, 핑크 계열의 패턴이 가득한 원피스에 재킷 그리고 핑크 스니커즈를 신고 무엇보다 높게 묶은 헤어에 세상 모든 원색의 헤어핀을 붙인 소녀가 지나갔다. 멀리서도 눈에 띄던 그 소녀에게 강한 인상을 받은 그날, 뉴요커 스타일

이 대다수인 압구정에서 비슷한 스타일을 다시 만난 그 우연에 나는 재미있어했다. 그리고 그 스타일의 기원이 일본이라는 것에 고개를 끄덕였다. 다양한 컬러의 구슬과 핀 등을 머리에 꽂고 핑크색 계열의 옷에 슬립온이나 슬리퍼를 신은 스타일 인류는 바로 '데코라デコラ'였던 것.

일본은 스타일에서 냄비 현상이 없는 곳이라 할 수 있다. 보통 한 스타일이 탄생되면 꾸준히 진화하는데, 이들은 자신의 인상을 강하게 보이도록 특정한 스타일에 빠진다고 한다. 즉, 정체성을 스타일로 말한다고 할까. 흔히 일본인의 국민성을 혼네ほん-ね(본심)와 타테마에たてまえ(겉치레)라고 말한다. 겉과 속이 다른 것이 스타일에도 적용되는지, 겉으로는 남에게 피해를 끼치지 않으려는 것이 그들의 국민성이라면, 속마음은 모두 스타일로 표현하려는 듯 보인다.

자칭 쇼핑의 여왕이라고 하는 거침없는 라이프스타일의 소유자 나카무라 우사기처럼 값비싼 에르메스의 가방을 사기 위해 파리에서 새벽부터 줄을 선다고 하는 일본인들. 비비안 웨스트우드처럼 전위적인 디자이너가 가장 사랑받는 일본(일본에는 '비비안 웨스트우드'가 라이선스로 제작되기까지 한다). 요지 야마모토, 레이 가와쿠보와 같은 파리로 진출한 아방가르드한 디자이너들과 지금은 은퇴했으나 다카다 겐조와 같은 일본 전통문화에 기반을 둔 디자이너 등이 국제무대에서 활

약했고, 츠모리 치사토처럼 주목받는 신진 디자이너들이 꾸준히 배출되는 일본. 일본은 스트리트 문화와 하이 패션 모두 영향을 주고받으며 발전하는 명실공히 스타일이 있는 패션대국이다.

한국에 가장 큰 영향을 미친 것은 1990년대 후반 '니뽄삘'이라고 불렸던 일본 스트리트 패션이었다. 이는 유럽의 젊은이들이 즐겨 입는 빛바랜 색감의 옷, 여러 겹으로 껴입던 티셔츠 등을 일본의 젊은이들이 과장되게 받아들인 것으로, 세탁을 한 적이 없어 보이는 각종 빈티지 의상을 비롯해 현란한 색감의 프린트들이 대표적이었다. 한국에서는 '구제 스타일'이라 불리며 중고 리바이스 501 청바지, 낡은 느낌의 폴로셔츠, 그리고 팀버랜드의 모카신 등이 이 인기에 힘입어 유행하기도 했다.

슈즈에서 흥미로운 건, 일본 여성들의 통굽(플랫폼 슈즈)에 대한 남다른 애착이다. 이는 그들의 전통신발 폿쿠리라는 여성용 게다도 굽이 매우 높았다는 것에서 그 연관성을 찾을 수 있겠다. 일본 열도를 뒤흔든 가수 아무로 나미에가 미니스커트에 신고 나온 통굽 부츠가 1990년대에 굉장한 유행을 몰고 온 후, 교복 소녀들은 루즈 삭스에 통굽 매치하기를 즐겨했다. 펑크, 롤리타, 스쿨걸 룩에도 플랫폼 슈즈를 매치할 정도의 애착은 압도적으로 과장되어 보인다는 것에 매력을 느껴서일지도 모르겠다.

프랑스 럭셔리 브랜드 루이비통에서도 일본 팝 아티스트 무라카미 다카시와 협력해 무라카미 백을 선보여 스테디셀러가 되기도 할 만큼 귀여움에 능하고 상상력이 풍부한 일본. '가와이(귀엽다)'란 말을 제일 좋아하는 일본 소녀들은 일반적이지 않을 만큼의 개성적인 스트리트 문화를 만들어간다. 고급 패션잡지의 하이패션을 읽는 이도 있겠으나, 자신들만의 스타일 공감대를 형성해 주는 전문지를 참고하여 결코 주류 패션에는 동조하지 않는 이도 있다.

이렇듯 일본에서는 주류와 비주류를 굳이 구분하는 것이 모호하다. 분명 비주류의 성향을 띠는 이들도 결국 자신만의 독창성을 갖고 주류에 동참하게 될 테니까. 그웬 스테파니가 노래했던 'Wicked Style(한마디로 죽이는 스타일)'은 바로 어느 나라에 가도 찾을 수 없는 바로 그들만의 스타일이다.

# 10

## 실시간으로 보라, 유러피언 스타일

패션의 4대 도시는? 망설일 것 없이 누구나 런던, 파리, 밀라노, 뉴욕을 외친다. 이 패션 트렌드를 이끌어가는 도시 중 뉴욕을 제외한 세 군데가 모두 유럽이다. 그리고 이 패션 도시를 진정으로 살아 움직이게 하는 시티즌들은 각 도시 이름에 맞게 런더너, 파리지앵, 밀라니즈, 뉴요커로 불린다.

21세기 들어서 리얼 스트리트 패션은 하향세였다. 스트리트 룩은 할리우드 셀러브리티의 패션으로 재편되었고, 그들이 무엇을 어떻게 입는지 그리고 어떤 브랜드의 가방을 들었는지가 제일 중요해졌다. 왜냐하면 그들은 럭셔리라는 이 끊임없이 이어지는 메가트렌드를 대변해 주는, 외모와 부가 조합된 살아 있는 '프라모델'이었으니까.

IMF 이후 한국에는(신문지면에서 끊임없이 보았다시피) 부익부빈익빈이라는 양극화 현상이 나타난다. 부의 편중은 부의 과시를 불러왔고, 이들을 위한 1퍼센트 마케팅이 럭셔리란 이름으로 전세계적으로 시도된다. 즉, 빈센트앤코Vincent & Co라는 가짜 스위스 명품 시계 브랜드 사기 사건이라는 웃지 못할 한 편의 연극에서 볼 수 있듯이, 럭셔리에 대한 열광은 더해졌고 그동안 가진 자의 주머니를 털던 '명품'에 대한 인식은 변해서 일반 브랜드마저도 프리미엄이란 이름으로 브랜드 가치를 키우기도 한다. 그리고 과시하기 좋아하는 평범한 사람들까지 개미정신으로 명품 사들이기에 가세하자 럭셔리 마켓은 공룡처럼 몸집이 커졌다.

물론 럭셔리 트렌드와 유러피언들의 스타일은 크게 관계 없을 수도 있다. 하지만 요즘 럭셔리에 점점 흥미를 잃어가는 사람들이 그 대안으로 각 나라의 자신과 비슷한 그러나 다른 생각을 가진 사람들의 스타일에 관심을 보이기 시작했다는 점을 주목할 필요가 있다. 그러니까 런던의 코벤트 가든이나 포토벨로 같은 곳에서 막 건져낸 빈티지 원피스에 레이밴의 웨이페어 선글라스를 끼고 있는 살아 있는 생생한 스타일(아무래도 빅토리아 베컴과 같은 패셔니스타가 입는 돌체 앤 가바나는 현실감각이 떨어지니까)이 부담 없는 새로움으로 다가온 것이다.

이 훔쳐보기를 가능하게 해준 것은 바로 인터넷의 공이다. 아직도 마이스페이스닷컴에 통달하지는 못했건만, 어설프게나마 멋진 라틴계 남자 모델들에게 추파(?)를 던져보고자 해외 블로그를 개설함으로써 나도 코즈모폴리턴이 되는 것이다. 비단 유명인이 아니라도 "Life is live(인생은 생방송)!"를 외치는 유러피언의 삶에 무작정 동경의 눈빛을 보내보기도 한다. 게다가 유튜브는 어떤가? 단지 뮤직비디오뿐만 아니라 세계 각국 다양한 성격의 아마추어들이 제작한 동영상을 접하면서 코멘트를 달고, 그들의 생각과 유머에 기꺼이 동참한다.

마음에 드는 신발을 놓치기 싫어 돈에 늘 쪼들리고 일에 쫓겨 시간이 없다 해도 내 마음속에는 언젠가는 꼭 하고픈 세계일주 계획이 있다. 하지만 인터넷이 있기에 우리는 지구 반대편의 친구들이 지금 뭐하고 있는지, 또 요즘 관심사가 무엇인지 피상적으로나마 알 수 있다. 그것도 실시간으로.

패션은 말해 무엇 하겠는가. 지금 해외 블로그에 업데이트 되는 사진들을 통해 런웨이든 스트리트든 최신 패션의 경향을 바로 알 수 있다. 예전과 달라진 점이 있다면, 이제 결코 패션 4대 도시에 국한하여 스타일을 말하지 않게 되었다는 것이다. 세계는 이제 벨기에, 이스탄불, 체코를 넘어 모든 사람들의 스타일을 조명하기 시작했다. 하지만 여전히 관심도는 런더너, 파리지앵, 밀라니즈 들에게 높게 나타난다.

유러피언의 유전자에는 대대로 훌륭한 발명품과 문화유산을 창조해낸 선조들의 마인드가 남아 있다. 이 경이로운 유산 덕분에 그들은 생각의 깊이와 넓이를 남다르게 할 수밖에 없다. 자연스럽게 끼와 자유로움을 발산하며 성장해, 살고 있는 도시와 어울리는 고유의 스타일과 분위기를 만들어낸다고 할까.

영국에서 오래 유학하다가 파리로 여행을 다녀온 한 지인은 "파리에 가니까 걸인도 예술가처럼 보이더라"고 했다. 그의 말을 단지 웃어넘길 수 없었던 것은 유러피언이 가진 매력을 설명하는 위트 있는 한마디란 생각이 들었기 때문이다. 유럽의 여러 나라들은 EU로 묶여 있고, 특히 스타일 면에서 그들은 국경도 없이 하나의 나라일 것만 같다. 유럽을 찾는 배낭여행객의 증가와 유학파의 급증으로 유러피언 스타일은 국내에서도 친숙해졌는데, 이를 국내에서 '유로 스타일'이라고 부르며 이들 리얼 스타일의 느낌을 카피하기 시작한다. 게다가 매 시즌 각국을 대표하는 영향력 있는 디자이너들이나 그들이 속해 있는 하우스의 유산을 존경하는 영입된 디자이너들이 프렌치 시크, 브리티시 시크를 진화시킨다.

영국은 비틀스라는 스타 록밴드 그리고 전세계인이 열광하는 축구가 탄생한 나라이자 잉글랜드, 스코틀랜드, 웨일즈와 북아일랜드로 구성된 연합 왕국으로 그들 사이의 갈등과 소득 격차로 반문화가 형성된 나라이기도 하다. 또한 '해가 지지 않는 나라'라고 불리며 제국주의를 가장 먼저 주창한 나라이기도 하다.

패션에서도 이중적인 면이 존재하는데, 일류 양복점들이 모여 있는 새빌 로에서 맞춘 슈트를 입고 다니는 멋쟁이 신사도 있지만 중고 옷(물론 오래되었으면서도 값어치가 있는 것이 진정한 빈티지라 하는 이도 있으나, 대체적으로 벼룩시장에서 판매되는 오래되었지만 상태 좋고 특이한 중고 의상을 빈티지라 통칭한다)인 빈티지 패션을 만들어내기도 하다. 이 다양한 얼굴의 런더너 패션을 만날 수 있는 사이트 페이스헌터(www. facehunter.blogspot.com)에서는 골드 레깅스나 컬러 스타킹에 독특한 프린트의 미니원피스를 입거나 여러 겹의 액세서리를 레이어드하고 시대 추정이 불가능한 빈티지 화이트 펌프스를 착용한 런더너들이 눈길을 끈다.

파리지앵은 2007년에 가장 주목받았던 시티즌. "미니멀리즘도 샤를로트 갱스부르를 정의하기에는 너무 긴 단어"란 말로 설명되는 파리지앵의 대명사 샤를로트는 최근에 주목받은 아이콘이다(한국인에게는 줄리엣 비노쉬나 소피 마르소가 더 친숙하겠건만). 샤를로트의 배경은 놀랍다. 샹송가수인 제인 버킨을 어머니로, 작곡가인 세르주 갱스부르를 아버지로 두었고, 자신도 가수이자 배우로 활동하고 있다.

흔히 그녀를 통해 말하는 파리지앵은 이렇다. 자연스럽게 묶은 검은 머리, 옆으로 긴 눈썹, 내추럴 메이크업, 블랙 탱크톱과 진, 트렌

스타일은 카리스마가 섞인 개성의 표현이다.

Style is an expression of individualism
mixed with charisma. -- 존 페어차일드 John
Fairchild(전 WWD 편집장)

치코트와 무엇보다 플랫 슈즈. 여유로운 자유를 만끽하는 파리지앵들은 날씬한 몸매 덕분으로 플랫 슈즈를 가장 완벽하게 소화해낸다. 비만. 인구가 득세하는 미국이 부러워할 만큼 살이 찌지 않는 파리지앵의 비결은 바로 최고의 것을 선택해 즐기기 때문이라고 한다. 많은 초콜릿보다 제대로 된 초콜릿 한 조각이 주는 기쁨이 크다는 타고난 귀족적인 생각이라고 할까.

우리가 쉽게 연상하는, 베레를 쓴 파리지앵의 이미지에는 특유의 분위기가 있다. 경박스럽기보다 진지한 성찰이 묻어나는 느낌, 문화와 예술을 사랑하는 지적인 깊이와 인생을 정말 즐길 줄 안다는 생각. 물론 여기에 아이를 낳지 않고 평생 둘만 즐기다 죽겠느니 하는 출산율 저하 문제나(이도 점점 극복해 나가는 추세라지만) 자국에 대한 애착이 심해 다른 문화를 유독 배척하는 모습을 보인다는 것은 배제하고. 이 이미지에는 센 강과 에펠탑에 어울리는 피상적인 그녀들만 포함된다.

이탈리안들은 선조가 물려준 콜로세움과 같은 문화유산으로 벌어들이는 관광 수입만으로도 먹고살 수 있다고 할 정도로 대단한 문화 재산을 소유하고 있다. 여기에 프랑스 패션 하우스들이 하청을 이탈리아에 주었고, 이 기술을 역으로 이용해 최대의 섬유강국이 되었다고 한다. 그래서 요즘 국내 패션계에서 하청을 주는 중국이 이탈리아의 경우가 될 수도 있다며 우려하는 사람들도 있지만, 사실 그 두 나라는 근본적으로 다르다. 중국이 '짝퉁'의 천국이라면, 물론 이탈리아에서도 짝퉁은 팔리지만, 이탈리아는 그걸 넘어 오리지널을 만들어내는 장인정신이라는 자존심이 있는 나라이기 때문이다.

이는 유산으로 남겨진 수많은 정교한 건축물에서도 확인할 수 있듯이 마치 세상을 완벽한 예술품으로 재단하려 했던 것과 일맥상통하고 고가의 명품이 만들어지게 된 토양이 되었다. 그래서 이탈리안 중에는 멋쟁이 남녀들이 많다. 잘 재단된 슈트에 꼭 잘 만들어진 수제화를 신어주니, 그들의 취향은 고급 그 이상이다. 역시 이탈리아를 대표하는 마피아도 단정한 스트라이프 슈트를 즐겨 입어 오늘날 갱단의 스타일을 정의 내렸다고 할 수 있지 않나.

하지만 유럽의 트렌드를 주도하고 있는 런던, 파리, 밀라노의 피플들이 꼭 그 나라에서 태어나 자란 토박이 사람들은 아니다. 가장 대표적인 파리지앵인 제인 버킨이 런던 출신이라는 것은 둘째 치더라도 벨기에 안트웨르펜 출신의 패션계 종사자들이 밀라노에서 활동하고 있고, 이탈리아나 런던 출신도 파리로 간다. 이렇듯 유럽뿐만 아니라 아시아나 미국에서 건너온 다양한 국적 출신들이 각축을 벌이며 트렌드를 이끌어 나가고 있다. 인종과 국적에 상관없이 그 도시에서 오랫동안 살아왔다면 이미 유러피언의 감성을 가질 수 있다는 열린 생각이 유럽 패션의 힘이다. 보이지 않는 차별은 있을지언정 결코 타문화를 배척하지 않고 자기에게 맞는 방식으로 해석하는 개방적인 문화가 유러피언들이 가진 힘의 근본이며, 결국 자의식을 지키기 위해 자신만의 스타일을 만들어낸다.

섬나라 특유의 성향을 바탕으로 진취적이고 다양한 스타일을 창조해내는 런더너, 자문화는 보호하면서 '다름'을 인정하는 톨레랑스가 있는 파리지앵, 완성도 높은 아이템들로 세련된 멋을 내는 밀라니즈로 대표되는 유러피언 스타일.

이들의 스타일이 경쟁력을 갖게 된 것은 다름 속에서 공통점을 추구하게 된 특수한 상황에서 시작되었다고 할 것이다. 이제 그들이 만들어내는 스타일은 실시간으로 전세계에 전파되며, 파급 효과를 일으킨다. 그러니 늘 인터넷으로나마 그들이 무엇을 입고 신는지 체크하는 것이 트렌드를 읽는 공부가 되고 있다.

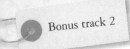

# 🥿 20세기 시대상을 반영한 슈즈 스타일

주류에서 즐겨 신었던 슈즈나 혹은 소수의 스타일이지만 지금까지 영향을 미치며 독창적인 시대상이 배어 있다면 대중의 수용도 정도를 떠나 그 시대의 대표적인 디자인이 된다.

**전쟁으로 비루해지기 전까지는 풍요로웠던 1910년대**

라이프스타일  뉴욕 메트로폴리탄에서 오페라를 즐기며, 섬에서 요트 여행을 즐기는 사치스러운 생활 방식의 부자들이 많았음

패션  코르셋을 착용하여 인위적으로 만든 풍만한 S자형 실루엣. 기브슨걸이 이상적인 미국 여성상

슈즈  앞코는 아몬드 형이고, 발등을 덮는 디자인으로 주로 버클로 장식된 프렌치 힐 펌프스가 유행

획기적인 사건  제1차 세계대전 발발로 여성들이 공장, 응급차 운전 등 남성들이 징집된 빈자리를 채우게 됨

Tip

프렌치 힐 french heel  프랑스의 루이 14세가 신은 신발에 붙은 굽과 형태가 비슷해 루이 힐이라고도 함. 전체적으로 굽 등과 굽 가슴 모두 유연한 곡선의 형태. 굽 높이는 보통 5cm.

**플래퍼들과 함께하는 광란의 1920년대**

라이프스타일  재즈바에서 술 한잔을 즐기며 찰스턴을 춘다. 여성들이 오토바이를 타고 거리를 달린다.

패션  심플리티(단순성)가 강조되어 앞뒤 구분 없는 납작한 몸매가 인기. 소년
처럼 보이는 쇼트 헤어도 유행.

슈즈  구두의 중요성이 높아짐. 구두코가 짧아져 발 크기가 앙증맞게 보이며,
발등이 노출되기 시작함. T 스트랩 슈즈, 레이스업 슈즈, 하이힐이 유행. 체크
무늬, 아플리케 장식, 블랙 앤 화이트가 결합된 펌프스, 곤충 모양 장식 등 다
양해진 디자인이 특징. 1920년대 후반에는 날씬하고 뾰족한 옥스퍼드 슈즈가
인기였는데, 특히 춤출 때 많이 신음.

획기적인 사건  샤넬의 등장으로 여성들이 코르셋에서 해방되다.

Tip

펌프스 pumps  끈이나 잠금장치가 없이 발등을 드러내는 스타일이다. 가장 기
본적인 드레스슈즈(정장화)로 하이high, 미드mid, 로low 힐로 굽의 높이가 다
양하다.

• 종류

플레인 펌프스 plain pumps  특별한 디자인적 변형이 없는 가장 단순한 스타일로 앞,
뒤, 옆 모두가 막혀 있다. 앞코가 뾰족하거나 둥글거나 하는 실루엣의 변화나 소재 등에
서 차별화를 두고 있다.

오픈 토 펌프스 open toe pumps  앞코가 전체적으로 뚫려 있어 발가락이 보이는 펌프스.
뒤와 옆은 막혀 있다.

핍 토 펌프스 peep toe pumps  오픈 토 펌프스보다 작게 발가락이 한두 개 정도 보일 정
도로 뚫려 있는 앞코가 특징

백 오픈 펌프스 back open pumps  앞코와 옆은 막혀 있으며 발꿈치 쪽이 뚫린 펌프스로,
끈으로 고정시키고 있다는 점에서 뮬과 다르다. 슬링백sling back이라고도 부른다.

사이드 오픈 펌프스 side open pumps  앞과 뒤가 막히고 양 옆 중 하나가 오픈된 슈즈로
발의 허리라고 할 수 있는 생크 부분을 노출시킨 디자인

세퍼레이트 펌프스 separate pumps 앞과 뒤만 막히고 사이드 양 옆을 모두 없앤 디자인.
기본적으로 앞코가 뚫리지 않아야 펌프스에 속하며 앞코가 뚫렸다면 샌들 쪽에 속한다.

## 스트랩 슈즈 끈이 달려 있는 슈즈의 총칭

• 종류

메리제인 슈즈 maryjane shoes 발등에 끈이 달린 슈즈로 발레슈즈에서 따온 이름

T 스트랩 슈즈 T strap shoes 발등을 가로지르는 T자 모양의 스트랩이 달린 슈즈

앵클 스트랩 슈즈 ankle strap shoes 발목에 끈이 있는 슈즈

레이스 업 슈즈 race up shoes 끈으로 여미는 잠금장치를 가지는 슈즈의 총칭

커프스 스트랩 슈즈 cuffs strap 셔츠의 커프스 부분처럼 발목을 넓게 감싸는 슈즈

쿠반 힐 cuban heel 굽 등이 신발 바닥에서 위로 갈수록 넓어지는 형태. 굽 가슴
선이 직선으로 처리되어 있다.

옥스퍼드 슈즈 oxford shoes 부츠에 반대하여 17세기 옥스퍼드 학생들이 신기 시
작한 신발로 발등 전체를 덮고 끈으로 여미는 스타일의 일반적인 신사화

## 경제공황과 노출된 발가락의 1930년대

라이프스타일 수요보다 많은 공급으로 주식은 휴지조각이 됨. 경제대공황으로
전반적으로 곤궁한 상태에 처함. 미의 기준은 건강한 아름다움

패션 짧은 스커트 대신 긴 자락을 가진 백리스 이브닝드레스 같은 혁신적인 스
타일 등장

슈즈 하이힐이 여전히 인기 얻음. 가죽이 귀해서 벨벳, 새틴, 트위드와 같은 패
브릭 소재를 주로 사용. 슬링백이 유행하는 한편, 발 앞부분이 노출된 샌들도
처음 소개

획기적인 사건  1936년 페라가모의 웨지힐 탄생(밑창은 코르크이며 무지개 빛깔의 가죽을 겹겹이 쌓은 플랫폼도 소개함)

Tip

웨지힐 wedge heel  '웨지'는 쐐기를 의미하는데, 옆에서 보면 삼각형으로 발바닥 안쪽의 아치 부분까지 굽이 이어져 막혀 있는 스타일. 코르크를 사용하거나 마 줄기를 꼬아 굽 부분을 장식한 에스파드리유espadrille 형태 등 다양하게 디자인되고 있다.

샌들 sandal  앞코나 옆 뒤, 등이 트인 스타일의 총칭

• 종류

뮬 mule  앞코가 막혔으며 뒤꿈치는 끈이 없이 노출된 디자인. 낮은 굽부터 높은 굽까지 다양하며 뒤축 부분이 없어서 백리스 샌들backless sandal이라고도 한다.

통 thong  엄지발가락과 둘째 발가락 사이에 끈을 끼워 신는 슈즈로 여름철에 즐겨 신는다. 굽 없이 평평한 플립플롭도 통에 속한다.

슬라이드 slide  미끄러지듯 편하게 신을 수 있는 슈즈로 앞뒤 전체가 오픈되어 있고, 굽이 달려 있다.


## 제2차 세계대전으로 인해 다시 참담해진 1940년대

라이프스타일  군대에 동원되는 등 여성들의 참여 영역 확장, 물자 부족으로 인해 배급제로 생활함. 베티 페이지같이 섹시한 핀업걸의 인기는 지속됨

패션  밀리터리 룩이 대세. 요즘 같은 캐주얼한 밀리터리 룩이 아닌 단정한 슈트 스타일로 단추 개수까지 제한 받음

슈즈  웨지힐이 작업화로써 사랑받음. 후반에는 전쟁 전 가벼운 스타일의 샌들이 재등장

획기적인 사건  종전 이후, 1947년 크리스찬 디오르가 뉴 룩을 발표함. 재킷의

허리 부분이 잘록하게 들어가고 넓은 스커트의 앙상블로 모자, 장갑, 높은 하이힐로 완벽하게 차려입어 곤궁한 현실과 반대되는 룩 선보임

## 섹시한 글래머가 좋아! 마릴린 먼로의 1950년대

라이프스타일  전쟁이 종결된 이후 사회 안정화가 우선시. 사회는 여성들에게 가정으로 돌아가 주부로서의 역할을 요구함

패션  몸의 라인을 살리며 여성성을 강조한 디오르의 뉴 룩 스타일이 지속됨

슈즈  드레시하고 글래머러스한 하이힐 펌프스를 신음

획기적인 사건  마릴린 먼로, "누가 하이힐을 발명했는지는 모르나 여자들은 그에게 큰 신세를 지고 있어요." 이에 대한 답변. "로제 비비에르, 스틸레토힐을 발명하다!"

Tip

스틸레토힐stiletto heel  하이힐 굽에 철심을 박아 부러지는 것을 방지한 것으로 송곳과 같이 뾰족하고 날카롭다 하여 스틸레토란 이름 붙음

## 거리를 지배한 베이비붐 세대의 1960년대

라이프스타일  모즈 룩의 대명사 비틀스 숭배하기. 트위기처럼 미니스커트 입고 카나비 스트리트에서 모여 놀기

패션  1920년대처럼 직선적이고 짧아진 스커트. 다만 변한 게 있다면, 스커트가 당시로서는 상상할 수 없을 만큼 짧아진 것. 미니의 유행은 헤어스타일도 미니로 바꾼다.

슈즈  부츠를 주로 신음. 이 부츠는 반짝이는 윤기가 있고, 플라스틱의 투명함을 살린 디자인도 있다. 앞코가 뾰족한 플랫 슈즈 또한 즐겨 신었다. 컬러풀한 색상의 발레리나 펌프스 스타일

획기적인 사건  닐 암스트롱, 발리 부츠 신고 우주에 가다.

Tip

부츠boots  발목 이상으로 신발이 올라간 경우를 통칭

•종류

앵클 부츠 ankle boots  발목까지 오는 부츠로 쉽게 신고 벗을 수 있도록 지퍼 등이 달려
있다.

라이딩 부츠 riding boots  승마부츠 형태. 무릎 아래까지 오는 길이의 부츠로 가죽으로
만들어져 딱딱하고 보수적인 느낌을 준다. 버클 등의 장식이 달려 있다.

사이 하이 부츠 thigh high boots  부츠의 길이가 허벅지까지 올라오는 것으로 미니스
커트와 주로 매치하며 섹시한 분위기를 연출한다. 니 하이 부츠knee high boots라고
도 한다.

플랫 슈즈 flat shoes  1~3cm 정도의 굽이 낮은 납작한 신발로 흔히 발레리나 슈
즈라고도 한다.


## 이유 있는 반항심으로 가득 찬 증오의 1970년대

라이프스타일  미국 서부 해안가의 히피, "전쟁이 싫어요. 월드 피스!" 영국 런던
의 펑크족, "F*** you, 세상아(될 대로 되라지)!"

패션  1960년대에 시작해 70년대 초반까지 이어진 히피는 유니섹스 룩의 일환
으로 청바지를 많이 입었다. 1976년 런던에서 등장한 펑크 스타일은 의도적으
로 블랙 가죽재킷, 부츠 등 검정색을 자주 입어 위협적인 이미지

슈즈  히피는 때때로 맨발, 펑크족은 스터드 장식이 달린 부츠. 글램록의 대표
주자 데이비드 보위는 15~18cm의 플랫폼 슈즈로 양성적 매력을 어필했다. 이
굽은 직물, 코르크 등으로 장식

획기적인 사건  오일 쇼크가 불어닥쳐 경제가 혼란 속에서 빠짐. 실질적으로 보

수적인 성향의 브로그를 신음.

Tip

플랫폼 슈즈 platform shoes  앞뒤 굽이 모두 두꺼운 것이 특징인 슈즈. 앞뒤 굽이 분리된 것과 하나로 합해진 것 모두 플랫폼이라 칭함

브로그 brogue  브로깅broguing(구멍을 뚫은 장식)이 구두의 측면까지 뻗어 있는 정통적인 신사화

## 파워드레싱의 1980년대

라이프스타일  야망과 능력 있는 커리어우먼의 등장. 돈과 이미지에 집착하는 파워풀한 여성들의 시대

패션  어깨를 강조한 파워슈트에 높은 스틸레토힐

슈즈  마놀로 블라닉 하이힐. 우아한 앞코, 다양한 굽 디자인으로 센세이션을 불러일으키다.

획기적인 사건  컬러풀한 1980년대에 블랙 컬러와 아방가르드한 실루엣으로 파리에 진출한 일본 디자이너가 던져준 '블랙 쇼크'. 요지 야마모토, 레이 가와쿠보 등이 실험적인 의상에 매치한 슈즈는 대표적인 하위문화 신발이었던 검은색 가죽의 닥터 마틴

## 자연주의, 다양한 세계 문화를 추구하는 1990년대

라이프스타일  자연을 사랑하자! 타문화에 매력을 느끼는 세계화란 이런 것. 각국의 스트리트 패션이 주목 받음

패션  단순한 라인과 멋을 중시하는 미니멀리즘. 아방가르드한 패션도 동시에 선호됨. 스포티 룩이나 아이비 룩처럼 캐주얼웨어 사랑받음.

슈즈  스포티 룩 외의 영역에서도 스니커즈의 일반화 및 고급화

획기적인 사건  1993년 비비안 웨스트우드의 앵글로마니아 컬렉션에서 30cm
높이의 플랫폼인 모크 크로크 슈즈를 신은 슈퍼모델 나오미 캠벨 넘어지다.

*shoeaholic*

# Chapter 3

# 알고 보면 더
# 흥미진진한 슈즈

"옷은 마음에 든 적이 없고, 음식은 먹어봐야 살만 찌지만,
신발은 항상 꼭 맞지."

남성에게 의존적이었던 성향을 버린 여성들은 당당하고 독립적이며 남녀관계에서 못지않은 주도권 혹은 평등함의 권리를 부여
받는다. 지금 이러한 여성들을 두고 팜므파탈이라는 낙인을 찍기에는 소수가 아닌 다수의 여성들이 그런 사고와 행동을 한다는
것을 기억해야 한다. 그리고 그녀들은 그들이 신은 신발만큼 멋지다.

# 1
## 금단의 열매,
## 빨간 구두

내게는 유별난 취미가 있다. 쇼핑이냐고? 물론 그것도 있지만, '미신'을 유독 숭배하는 연약한 인간인지라 유니버셜 덱을 한 벌 사서 타로카드로 점 보는 방법을 배워버렸다. 타로의 별칭은 '마음의 거울'이라고 한다. 자기가 느끼는 것, 생각이 그대로 카드에 표현되기 때문이다. 그리고 누구나 유독 잘 따라다니는 자신만의 카드가 있는데 나의 카드는 바로 허영심이나 망상을 상징하는 카드! 믿어지지 않지만, 그 카드는 꼭 무언가를 사고 싶을 때 나타난다. 그것도 분에 넘치는 고가의 브랜드를 생각했을 경우에는 스타카드까지 함께 나오며 마음을 읽어낸다. 잔인한 타로카드 같으니라고······.

내 슈즈 리스트에 어쩌다 보니 빨간색 플랫 슈즈는 있는데도 빨간색 하이힐은 없다. 아마 천박해 보일까봐 두려웠던 모양이다. 그러다 크리스찬 루부탱 제품의 잘 익은 앵두빛의 유리처럼 반짝이는 페이턴트 소재 핍 토 펌프스를 보았을 때, 내 가슴은 두근거렸다. 앞코에 달린 도트 프린트의 시폰 리본이 연약하게도 미풍에 흩날리는 것이었다.

'아, 이런 것이 빨간 구두의 치명적인 매력인가'라는 생각이 들면서 상사병에 빠질 지경이 된 어느 날, 국내 브랜드에서 시도한 루부탱의 복제품을 보게 된다. 이내 이거라도 사서 대리만족할까 싶었으나 이상하게도 씁쓸한 생각이 먼저 들었다. 엄연히 브랜드 네임이 있지만 결코 오리지널에 미칠 수 없는 모습이 마치 상류처럼 보이고 싶어 비슷한 패션으로 무장한 패션 빅팀과 닮아 있었기 때문이다.

어린 시절에 뭔가 이해할 수 없던 묘한 여운을 남긴 안데르센의 동화 〈빨간 구두〉를 어른이 되어 다시 읽어보면, "옛날 옛적에"로 시작해서 "행복하게 살았습니다"가 아닌 "옛날 옛적에"로 시작해 "발목이 잘렸습니다"로 끝나는 19금禁 엽기 잔혹동화라는 걸 알 수 있다.

옛날에 무척 아름답고 귀여운 여자아이가 있었지만 또 무척이나 가난했다. 제대로 된 신발이 없어서 맨발로 다니거나 나막신을 신었는데 세상은 예쁜 여자아이에게는 늘 친절한 법. 구두장이 아줌마 한 분이 라사 천으로 빨간 구두를 한 켤레 만들어주었다.

그 아이 이름은 '카렌'. 카렌의 엄마가 돌아가시던 날 신을 신발이 없어서 빨간 구두를 신고 장례식에 갔다가 지나가던 한 노부인의 눈에 띄어 그 집에 양녀로 들어가 가난함에서 벗어나게 된다. 예쁜 옷, 제대로 된 교육. 안정된 생활. 더 이상 무엇을 바랄 수 있을까? 맨발로 다니는 게 일상이었던 카렌에게 빨간 구두는 행운 그 자체였다. 그러나 카렌은 주위에서 '아름답다'라는 말을 너무 많이 들어서 그만 치명적인 공주병에 걸리고 만다. 자기가 공주인 줄 착각한 나머지 여왕이 어린 공주를 데리고 지나가던 날, 공주의 예쁜 흰 옷에 매치해 신겨져 있는 모로코 가죽의 빨간 구두를 보고 그만 '이 세상에 어떤 구두도 저보다 아름답지는 않을 거야'라고 생각한다. 그리고 단정한 구두를 고르려 했던 노부인을 속여 공주의 것과 똑같은 번쩍거리는 에나멜로 만든 빨간 구두를 사버린다.

세례를 받으러 갈 때나 성찬식에 갈 때나 노부인의 충고를 무시하고 언제나 빨간 구두와 함께하던 카렌. 오만함이 하늘을 찌르던 어느 날, 빨간 수염 병사를 만나게 되었고 그 병사가 "예쁜 무용 신발이군요. 춤출 때 꼭 신으세요"라고 말하며 손바닥으로 신을 톡톡 치자 그때부터 카렌은 댄스 삼매경에 빠져버린다. 빨간 구두는 쉬지 않고 춤을 추며 카렌을 내몰았고 하느님께 잘못을 인정하자 광기도 멈춘다. 그러나 자숙하지 못한 것이 죄. 아픈 노부인을 뒤로하고 카렌은 빨간

 허영은 내가 가장 좋아하는 죄악이다.

Vanity is my favorite sin. – 알 파치노 Al Pacino(영화배우)

구두를 신고 무도회에 가버린다.

"넌 언제까지나 춤을 추어야 한다. 네 피의 흐름이 멈춰 창백해지고 차가워질 때까지! 잘난 체하는 아이들이 모두 알 때까지!"라는 저주의 말과 동시에 죽을 때까지 춤을 춰야 하는 벌을 받는다.

결국 사형 집행관에게 발목을 잘라달라고 청했지만 그 뒤로도 잘려진 발목은 계속 춤을 추며 카렌 앞에 나타난다. 카렌이 이 악몽에서 벗어난 것은 목사의 집에 하녀로 들어가 참회하며 일하면서부터. 그곳에서 아이들이 멋진 옷과 액세서리 이야기를 하며 여왕처럼 예뻐지고 싶다고 하면 카렌은 고개를 젓고는 했다.

이 비극의 주인공 카렌은 허영심 넘치며 멋 부리기 좋아하는, 즉 세상이 모두 자기를 중심으로 돌아가는 줄 아는 보통 소녀였다. 빨간 구두로 대표되는 그녀의 오만함과 때와 장소를 못 가리는 물욕은 결국 파멸을 불러일으켰는데, 카렌이 너무 안타까웠던 것은 공주가 신은 빨간 구두를 신으면 자신도 분명 공주처럼 보일 것이라고 생각했던 점이다.

누구나 자신은 특별한 사람이기를 바란다. 그래서 가장 쉬운 방법으로 특별한 사람으로 보이기 위해 겉모습에 치중하게 되는데, 같은 것을 신었다고 해서 같은 사람이 될 수 없음은 곧잘 망각한다. 내가 케이트 모스처럼 보이리라 믿고 사들였던 모든 것은 결국 비슷한 것

185

을 입은 결국 나일 뿐이라는 사실과 같이.

예전에 샤넬 백과 버버리의 트위드 소재 미니스커트를 입고 역시 비싸 보였던 트렌치코트를 걸친, 겉으로 보기에는 아주 부유한 집안 아가씨 같은 여자가 유유히 버스에 올라타는 것을 목격했다. 그녀가 걸쳤던 때깔 좋던 모든 것이 그 순간 시장표로 전락하며 헛웃음이 나왔다. 나 또한 화려하게 입고 대중교통을 이용했던 적이 있으니까. 도대체 소수의 가진 자만이 가질 수 있는 럭셔리 브랜드가 무엇이기에 여자들은 가진 것 모두를 털어 카렌처럼 패션 빅팀fashion victim이 되려 하는 것일까?

한마디로 '난 이 정도 사람이에요'라는 허영심 때문이다. 사실 진짜 부유층은 누구나 잘 알고 있는 명품을 상징하는 로고가 겉으로 드러나는 것을 별로 좋아하지 않는다. 벼락부자들이 겉으로 엄청나게 비싸 보이는 밍크를 입는 반면에 날 때부터 부유층은 보이지 않는 안감에 밍크가 덧대져 있는 코트를 입는다는 그런 공식과 유사하다. 부를 과시할 필요가 없이 그 사람 자체가 부유함의 상징이기 때문이다.

갖고는 싶지만 쉽게 다가갈 수 없는 금단의 열매를 닮은 빨간 구두는 허영을 경고하는 상징이다. 분수에 맞지 않게 상류를 지향하는 사람들에게 경고의 메시지를 날리고 있는데 난 그것이 나쁜 것인지 좋은 것인지 정확하게 판단할 수는 없다. 좋게 작용하면 성공하고자 하는 바람과 연결되어 노력을 부추기는 연료가 되는 것이고, 나쁜 방향으로 흐르면 카드 빚더미에 앉은 채 옷 꾸러미만 끌어안은 가치 없는 인간으로 추락할 테니까. 세상에는 흑백논리만 존재하는 것이 아니니 말이다.

'패션 빅팀'은 말 그대로 패션에 희생당한 사람을 말한다. 흔히 개성 없이 고가의 브랜드니까 산다는 사람부터 시작해서, 옷 입는 센스를 미처 갖추지 못했기에 한 브랜드에서 마네킹에 디스플레이되어 있는 모든 의상과 소품을 다 사버리는 사람을 뜻하기도 한다. 또한 이들은 유행 아이템이라면 사족을 못 쓰고 사채까지 끌어다가 분수에 넘치는 아이템을 사기도 한다. 인터넷의 명품 중고 거래 사이트에는 이들이 '지르고 몇 번 쓰다 질려버린' 명품 가방과 신발 들이 2차 포식자를 향해 유혹의 눈짓을 날리며 또 하나의 마켓을 형성한다. 솔직히 이들을 향해 '희생자'라는 경멸이 섞인 어조로 죄인처럼 매도하며, 뒷담화를 즐기는 사람들의 속내가 난 더 궁금하다.

카렌처럼 예쁜 것을 보면 혹하는 게 사람이다. 그 물건을 얻었다는 일차적 쾌감을 떠나 모두가 예쁘다고 입 모아 칭찬하며 자신의 취향에 공감하면 이차적 쾌감을 얻게 된다. 그리고 더욱 그 쾌감에 집착하게 된다.

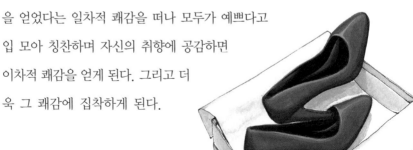

타인에게 긍정적인 존재로 인식되어야만 살 수 있는 사회적 동물로서의 본능을 생각해 보면 유별난 경우도 아니다. 어떤 이에게는 그것이 패션으로 나타나는 것이다. 그런데 왜 유독 패션 앞에만 탐욕이나 허영이란 수식어를 붙이는 것인지 모를 일이다.

귀스타브 플로베르의 소설 《마담 보바리》를 보자. 남편 아닌 마음에 둔 남자에게 잘 보이려고, 또 지루한 시골생활을 참지 못하고 분수에 넘치게 사치하는 보바리 부인의 결말은 전 재산을 차압당하고 자살로 마무리되어 탐욕이 불러오는 대가를 보여주고자 한다. 보바리 부인은 주변 사람에게 상처를 입힌 죄인이 되었고, 여기에서 교훈을 얻자면 개인의 자제력과 중용의 미덕만이 탐욕에서 벗어나는 길이라는 것이다.

하지만 그렇게 살아가기로 결심한 사람들을 비난할 권리나 판단할 이유는 없다. 역시 플로베르의 《통상 관념 사전》에 따르면, 바보는 당신처럼 생각하지 않는 사람을 뜻하니까. 자신의 취향에 부합하지 않으면 심미안이 부족한 패션 빅팀이라고 보는 속내는 경멸스럽다. 물론 그들의 마구잡이식 소비를 정당화하려는 것은 아니지만, 그 이면에는 그렇게 할 수 있는 용기와 능력을 부러워하는 심리가 있다고 생각한다. 사촌이 땅을 사면 배 아프다는데, 나도 갖고 싶었던 최신 루부탱을 누가 신었다면 당연히 속이 쓰라릴 수밖에. 그럴 때 쿨한 척

188

굴기보다는 솔직히 그냥 부러워하겠다.

　나는 타로카드가 보여주듯 허영심 넘치는 보통 여자다. 특히 슈즈에 열광하다가도 카렌 앞에 등장한 붉은 수염의 병사가 "카드 값에 맞춰 밤낮없이 일하라"고 하면 노새처럼 등이 휘게 일해야 하는. 그러나 장담하지만, 내 삶의 에너지인 그 춤은 내 스스로 신용카드를 부러뜨려도, 억대 연봉 수급자가 되는 날에도 멈추지 않을 것이다.

# 2
## 슈즈에 담긴
## 에로티시즘

거리를 지나갈 때, 남자는 여자를 보고 여자도 여자를 본다. 남자들이야 무조건 예쁜 얼굴을 최고로 친다지만 나는 길고 쭉 뻗은 다리를 가진 여자에게만 눈길이 쏠린다. 다리 훔쳐보기가 남자들만의 전유물이 아닌 것이다. 물론 여자들도 여자의 다리를 본다. 감상법의 차이가 있다면, 성적인 대상으로서의 시선이 아니라 누구에게만 완벽한 몸매를 선사한 불공평한 신에 대한 분노와 부러움의 시선이라는 것.

최근 불어닥친 1960년대 스타일 열풍은 미니스커트의 붐을 일으켰다. 21세기에 달라진 것이 있다면 아슬아슬하고 위험하게 짧아진 마이크로 미니스커트의 등장이다. 심지어 '단지 상의만 걸쳤을 뿐'의 원피스도 등장하지 않았는가. 그래서 블랙 스타킹과 함께 가장 주목받은 것이 바로 다리 길이와 각선미를 한없이 늘려주고 살려주는 킬힐이다. 이로써 다리는 성적 매력의 포인트가 되었다. 가슴이나 엉덩이에게 내주었던 자리를 탈환하면서 긴 다리를 노출하는 것은 자연스러운 섹스어필의 상징이 된 것이다. 그러나 다리보다 더 오랫동안 성적 상징으로 취급받았던 것은 사실 발이다.

성적인 의미로 여자의 발에 가장 집착했던 민족은 중국인이다. 전족은 중국 여인들에게 사회적, 성적인 의미 모두에서 상류에 속하게 했다. 중국의 남성들은 전족한 발을 애무하는 전희가 성행위에서의 모든 쾌락을 가져다준다고 생각했다. 이렇듯 작은 발이 미의 절대 기준이었던 한족의 생각은 중국의 대표 미인들만 봐도 알 수 있는데, 한나라의 여인 비연飛燕은 몸이 가볍고 발이 작아 금을 먹여 키운 거미가 뱉은 실로 짜서 만든 신발을 신고 손바닥 위에서 춤을 췄다고 전해진다. 또 양귀비의 신발을 주운 노파가 그 신발이 매우 작아 구경꾼들에게 보여줘 돈을 긁어모았다는 이야기도 있다. 시대에 따라 미인의 기준은 다르다고 하지만, 유독 작은 발에 집착하는 그들의 문화가 독특하다.

전족은 6~8세 여자아이의 발을 엄지만 남긴 채 네 발가락을 구부리거나 부러뜨려서 붕대로 꽁꽁 싸고 지속적으로 점점 더 작은 신발을 신게 만드는 것이다. 이로 인해 몸집과 비례하지 않아 제대로 걸을 수조차 없는 불구의 발이 된다.

전족을 하면 제대로 노동을 할 수도 없는데다 걸음걸이도 뒤뚱거리게 된다. 당연히 몸을 지탱하기 위해 허리에 힘이 들어가면서 허리 근육과 허벅지, 골반이 발달되어 성적으로 최상의 명기를 만든다고 한다. 이러한 전족은 악습으로 분류되어 청대에 전족금지법령이 생겼건만, "작고 예쁜 발은 얼굴이 못생긴 여자의 4분의 3을 보상해 준다"는 속담이 있을 정도로 중국인은 여전히 작은 발에 집착했다.

여성의 발만이 성적인 의미를 내포하고 있는 것은 아니다. 중세 시대 남성들에게도 성적인 능력을 상징하기 위한 신발이 있었다. 약 800년 전, 풀렌poulaine이라는 긴 앞코를 가진 신발이 등장했는데, 신神에게 좀더 다가가기 위해 높고 뾰족한 건물을 짓던 고딕 시대였기에 긴 앞코는 건축양식과 더불어 하나의 유행이기도 했다.

지역에 따라 크래카우cracowe 혹은 폰텐pontaine이라 불리던 풀렌은 엄청나게 길고 들려 있는 앞코가 특징이다. 트럼프 카드의 조커가 신고 있던 신발을 연상시켜 보면 쉽다. 《에로틱한 발》의 저자 윌리엄 A. 로시는 풀렌이 남근의 상징으로서 존재한다고 말한다. 신발을 가지고 부녀자를 식탁 아래서 희롱했다고 하니 실로 교회의 지탄을 받은 가장 문란한 남성용 신발임은 분명하다.

영화 〈물랑 루즈〉를 보면 "파리에서 애인의 하이힐에 샴페인을 부

어 마셨다"는 대사가 나온다. 왜 하필이면 냄새 날 것 같은 신발에다 로맨틱함의 극치인 샴페인을 부어 마셨을까? 한국에서도 옛날 기생과 하룻밤을 보내려면 기생 꽃신에 술을 따라 화혜주를 마시는 기방 풍류가 있었다고 전해진다. 기생에 따라 그 값이 달랐고 그중 빼어난 미인이었던 송도 기생 자동선의 꽃신 값이 가장 비쌌다. 그 값은 심청이가 목숨과 바꾸려 했던 것과 같은 쌀 300석으로, 이는 철종 때의 소문난 재벌 임상옥만이 그 값을 지불할 수 있었다고 한다. 이렇듯 동·서양 구분 없이 여성의 신발은 성적인 코드의 하나로 존재한다.

사실 따지고 보면, 여성의 신체 어느 부위도 성적 대상으로 취급되지 않는 것은 없다. 그런데 신발은 아이템 그 자체에 성적인 의미를 포함시키기에 특별하다. 신발은 발에 '낀다'라는 행위 그 자체가 인류의 본능적 사고인 에로틱한 공상과 연계되고, 이 덕분에 신발이 꿈에 등장하면 '애인'이라는 키워드로 해석되기도 한다.

여성들이 하이힐을 신는 이유를 흔히 섹슈얼한 면에서 그 이유를 찾는다. 예쁜 얼굴, 균형 잡힌 몸매를 만들기 위해 돈과 노력을 들이는 것은 자기만족도 있지만, 이성에게 매력적으로 보이기 위함이 크기 때문이다.

하이힐은 단순히 키만 커보이게 하는 도구가 아니다. 발꿈치를 높이 들수록 착시가 일어나 발 사이즈가 작아 보인다. 또한 하이힐을 신으면 땅에 디디는 면적이 좁기 때문에 앞쪽으로 힘이 쏠리면서 그 반동으로 종아리가 긴장하게 되고, 그와 동시에 아킬레스건에 힘이 들어가 발목이 가늘어 보이는 효과를 준다.

하이힐로 인한 성적 매력지수 상승은 여기에서 그치지 않는다. 환상적인 S라인을 만들어주기 위해서는 운동이 가장 이상적이겠지만, 빠른 시간에 가장 확실한 효과를 위해서는 하이힐을 이용하는 방법이 있다. 하이힐을 즐겨 신어본 사람이라면 몸의 세 군데에 긴장감이 돈다는 것을 알아챘을 것이다. 먼저 복부가 팽팽하게 긴장되면서 허리가 곧게 세워진다. 그와 동시에 엉덩이는 뒤로 빠지고 가슴은 앞으로 나오게 되는데, 이것이 바로 모든 여성들이 선망하는 S라인이자 바로 하이힐이 여성의 몸매에 부리는 마술이다. 물론 지방으로 가득한 몸

누가 하이힐을 발명했는지는 모르나 여자들은 그에게 큰 빚을 지고 있어요.

I don't know who invented high heels, but all women
owe him a lot! - 마릴린 먼로 Marilyn Monroe (영화배우)

매라면 하이힐만으로는 부족하다. 섹시한 매력을 더욱 가지고 싶으면 운동이 동반되어야 하는 것은 사실이다. 즉, 몸에 섹시함의 시너지 효과를 주기 위해서 하이힐은 선택된다.

나의 경우 굽 10센티미터 정도의 힐을 신고 성큼성큼 걸을 수도 또 뛸 수도 있지만, 작고 꼭 끼는 신발을 신으면 종종걸음을 걸을 수밖에 없다. 마치 일본 여성들이 전통의상인 폭 좁은 기모노를 입고 높은 게다를 신으면 종종걸음을 걷게 되는 것처럼. 이렇게 하이힐은 파워풀한 섹시함과 동시에 예속적이고 연약한 여성적인 이미지를 만들기도 한다. 마초 성향의 남자는 이 종종걸음에서 '진짜 여자'라는 느낌을 받는다고도 한다.

"나를 성공시킨 건 바로 하이힐이었어요."

엉덩이를 흔드는 섹시한 워킹의 주인공인 마릴린 먼로는 솔직하게 하이힐이 있었기에 자신의 섹시함이 완성되었다고 말한다. 잘 때 입는 옷이란 샤넬 No. 5 향수밖에 없다고 말하는 세계적인 섹시 아이콘으로서 그녀의 대답은 하이힐의 효과를 확실히 입증한다. 물론 하이힐이 가지는 섹시함은 쇼걸이나 스트리퍼에게서도 찾을 수 있다. 그들은 스트립쇼에서 걸치고 있는 모든 의상을 벗어 던지면서도 아주 높고 섹시한 하이힐은 절대 벗지 않으니까. 목욕탕의 그녀들과 다른 것은 바로 신발 하나의 차이다.

하이힐은 섹시하다. 발등에도 경이로운 곡선을 선사하지만 여성의 곡선을 확실히 드러내주니까. 하지만 SM 플레이에 어울릴 법한, 높고 끈으로 묶어진 마조히즘적인 신발이 드러내놓고 에로틱한데도 대다수의 여성들은 그것을 외면한다. "나 오늘 한가해요"가 아닌 은근한 섹시함이 묻어나기를 원하기 때문이다. 그렇기에 여성들에게 사랑받는 럭셔리 슈즈 브랜드는 섹시함과 우아함을 동시에 추구하며 여심을 사로잡는 데 주력한다. 지금 발에 대한 성적 판타지는 섹시한 각선미로 옮겨졌다. 주위를 둘러보라. 높고 힘들지만 우아하게 워킹하는 그녀들에게서 감도는 섹시함의 아우라가 느껴지는가?

# 3
# 남자도
# 하이힐을 신었다

"여자인 너는 출산 때의 고통과 다이어트는 물론이며, 하이힐을 신고 걸어야 하며…… 빨래에 밥까지 하는 고통을……."

금단의 열매를 따 먹은 이브, 소피(마리온 코티아르)는 신의 노여움을 산다. '속옷을 겉옷 위에 입고 수학 문제 풀기'와 같은 엽기적인 내기로 애정을 키워가는 소피와 줄리앙의 러브스토리가 흥미진진했던 프랑스 영화 〈러브 미 이프 유 데어〉. 영화를 보다가 '여자라서 하이힐을 신는 고통을 겪어야 한다'는 말에 한참을 웃었다. 솔직히 하이힐은 활동하기 편한 종류의 신발은 아니다. 그런데 이렇게 고통스러운 하이힐에 남성들도 한때는 빠져 있었건만, 지금은 그 역사적 사실을 깡그리 잊혀진 채 하이힐은 여자의 전유물로만 남았다.

조금만 눈썰미가 있다면, 세계사 책에도 실린 유명한 그림인 루이 14세의 초상화에서 남자가 신은 하이힐의 전신을 눈치챘을 것이다. "짐이 곧 국가다"라는 말로 유명한 절대왕정의 상징인 태양왕 루이 14세. 지금은 루브르 박물관에서나 그 과시적인 모습을 볼 수 있지만, 그가 17세기 바로크 시대를 이끈 남성들의 패션 아이콘이자 스타일 리더였다는 사실은 흥미롭다.

1701년에 시아생트 리고가 완성한 초상화에서 만나본 루이 14세는 부르봉 왕가의 상징인 백합 문양을 로열 블루에 수놓고 담비털이 덧대어진 망토를 둘렀으며 대조적으로 르네상스 시대에서 찾을 법한 호즈(타이즈 같은 바지)를 입었다. 그리고 무엇보다 눈에 띄는 것은 굽이 빨간 하이힐! 이 하이힐은 다이아몬드 버클 여밈이고 심지어 진홍색 리본까지 매어져 있다. 이렇듯 루이 14세가 즐겨 신은, 아치를 그리는 굽이 달린 펌프스는 오늘날 '루이 힐'이라는 대명사로 불린다.

굽이치는 물결 모양을 자주 사용해서 곡선이 주는 동적인 느낌과 눈부시게 화려한 장식을 많이 사용한 것이 바로크 양식의 특징인데, 루이 14세는 베르사유 궁전으로 바로크 양식을 완성했으며 특히 빨간색은 침실 실내장식에도 즐겨 사용했을 정도로 총애하는 색이었다.

물론 루이 14세가 처음으로 하이힐을 신은 사람은 아니다. 그러나 최초로 빨간 굽을 우아한 취향으로 끌어올린 남성임은 확실하다. 루이 14세가 왜 하이힐을 신었는가에 대해서는 여러 가설이 존재하는데, 그 하나로 루이14세가 단신이었기에 굽 있는 신발을 애용했을 거라는 설이 유력하다. 또 하나, 루이 14세는 빼어난 각선미를 가진 발레리노였던 탓에 이를 과시하기 위해 하이힐을 신었다는 이야기도 있다. 하지만 이 어떤 가설보다 더 확언할 수 있는 것은 태양왕은 영토 확장보다는 나라를 멋지게 꾸미는 것에 더 관심이 많았다는 것이다.

메이드 인 프랑스의 이름으로 값어치가 서너 배로 뛰는 게 요즘만은 아니다. 예부터 유럽에서는 프랑스 제품을 최고로 쳤으며, 가장 최신 유행이라고 생각했다. 바로 루이 14세가 이룩한 럭셔리 스타일의 완성 때문이다. 왕께서는 미식가였기에 각종 진미를 드셨고(소스가 다양해지며 프랑스 요리가 발달했다), 샴페인(럭셔리한 파티에만 등장하는 돔 페리뇽)을 마셨으며 오늘날의 마놀로 블라닉이라 할 수 있는, 니콜라 레스타주가 브로케이드, 실크 등 고급 직물 등으로 제작한 수제화만 신으셨다. 게다가 사면이 거울(당시에 거울은 고가였다)로 장식된 방도 있는 멋진 베르사유 궁까지 지으셨으니, 이때 만들어진 프랑스 제품은 누구나 혹할 만큼 럭셔리를 대변하는 아이템이 된다.

굽 달린 슈즈는 16세기 말에 등장했지만, 정말 높다고 말할 수 있는 하이힐은 16세기 물의 도시 베네치아에서 발견할 수 있다. 스커트 자락과 고급스러운 슈즈가 물에 젖지 않도록 쇼핀이라는 15센티미터에서 높게는 40센티미터에 가까운 통굽이 달린 슬리퍼 형태의 높은 보조 슈즈가 등장한 것이다. 너무 높아 하녀의 도움을 받아야 걸을 정도였는데, 이렇듯 보조 슈즈에 불과했던 투박한 쇼핀이나 낮은 굽에 미적으로 아름답지 않았던 힐이 루이 14세 때에 이르러 오늘날의 펌프스 형태로 완성되었고, 장식적인 디자인(마놀로 블라닉에서도 보석이 박힌 버클로 장식하지 않는가)으로 보급시켰다는 것에 그 의의가 있겠다.

"나의 시대가 왔다."

루이 15세의 공식적인 애첩이자 예술과 식물에 관심이 많았고, 무엇보다 베갯머리송사로 정치를 좌지우지한 퐁파두르 부인의 말처럼 18세기 로코코 시대는 여성의 의복이 획기적으로 발전한 시기였다. 그리고 당대의 스타일 리더로서 그녀가 즐겨 착용해서 '퐁파두르 구두'라는 애칭이 붙은 신발은 역시 앞으로 갈수록 급격한 경사를 가진 높은 하이힐이었다. 이렇듯 다음 세대에서도 루이 14세의 빨간 굽 하이힐은 꾸준히 사랑받는다.

바로크는 루이 14세, 로코코는 퐁파두르 후작부인에 의해 프랑스의 문화가 주도된다. 그리고 그 둘 모두는 하이힐을 사랑한 궁정 모드의 일인자였다. 그 후에도 마리 앙투아네트가 궁정의 스타일을 리드하지만, 프랑스혁명을 겪으면서 화려한 궁정문화 속의 잘 치장된 남녀는 사라지게 된다.

자유, 평등, 박애. 프랑스 국기의 레드, 블루, 화이트는 바로 이 프랑스혁명의 정신을 상징한다. 모든 인간은 평등하며 자유를 누릴 권리를 가지고 있다는 계몽주의 사상의 영향을 받아 신민이 아닌 시민의 개념이 등장했고, 구두를 장식했던 다이아몬드 버클은 국고를 채우기 위해 헌납된다. 그 후 버클은 퇴조하거나 심플해지고 끈이 여밈의 수단으로 등장하게 된다.

그 뒤 영국으로 옮겨간 남성복 패션은 제인 오스틴의 《오만과 편견》의 미스터 다아시 스타일처럼 변해간다. 산업혁명과 계몽주의 사상 등은 실용성을 강조하게 되었고, 남성들은 옥스퍼드 슈즈라는 별칭이 있는 브로그brogue를 착용한다. 이제 타고난 계급이 아닌 수완에 따라 부를 축적할 수 있는 시대를 살아가면서 유독 남성복의 유행만은 더디게 흐른다. 그리고 지금까지도 브로그가 신사화의 표준으로 자리 잡고 있다.

낭만주의 화가인 들라크루아의 〈민중을 이끄는 자유의 여신〉에 여성이 혁명을 전두 지휘하는 모습이 그려져 있지만 그건 단지 여신이라는 상징적인 존재였을 뿐 자유, 평등, 박애에 여성은 해당사항이 없었다. 여전히 남성들의 부속물로 남아 있던 여성들은 시민이 아니었고 그녀들은 혁명과 상관없이 예속적인 성향의 하이힐을 계속 신게 된다.

이렇듯 하이힐은 여권 신장을 의미하지 않는다. 그래서 급진적인 페미니스트들은 늘 브래지어, 하이힐, 메이크업을 공격하지 않는가. 그러나 하이힐은 여성의 전유물도 아니었다. 다만 자연선택설과 유사하게 환경에 적합한 방향으로 남성들에게서는 버려졌고, 여성들에게는 남았을 뿐이다.

루이 14세가 우아함을 보이기 위해 선택했듯이 하나의 취향을 보여주는 소도구로, 또 스타일을 완성하는 하나의 코드로 여겨지는 하이힐. 이제 남성들은 더 이상 하이힐을 신지 않는다. 그리고 스타일을 꾸미는 것을 남자답지 못하다고 생각하며, 최소한의 변화만 받아들이는 획일성을 보이기도 한다.

그렇다고 다시 루이 14세 같은 패셔니스타를 못 만날 일도 없다. 왜냐하면 지금 남성들은 예뻐지고 있으니까. 스스로를 가꾸고 꾸미는 데 투자하며 새로운 스타일을 과감하게 시도한다. 메트로섹슈얼, 위버섹슈얼 등 다양한 개성을 가진 신인류들이 등장하면서 그 가능성을 보여주고 있다. 영국의 스타 축구선수인 데이비드 베컴이 네일 에나멜을 손톱에 바르는 것이 '게이 코드'라도 되는 양 이슈가 된 적이 있었는데, 베컴처럼 건강하고 자신을 관리할 수 있는 재력을 가진 예쁜 남자 메트로섹슈얼이 있기에 이제 남성의 핑크색 손톱 정도는 아무렇지도 않다. 물론 마초 기질 남성들은 꿈도 못 꾸겠지만, 스타일리시한 퀴어들은 매우 반길 만한 일이다. 그래서 여성들은 스타일에 대해 막 힘없이 대화가 잘 통하는 〈섹스 앤 더 시티〉의 캐리 브래드쇼 게이 친구인 스탠퍼드를 바라는 것일지도 모르겠다.

# 4
# 하이힐이
# 현대판 전족이라고?

"당신의 척추 점수는 $C^+$와 $B^0$를 넘나들고 있습니다."

팔과 허리를 맞잡고 사정없이 몸을 비틀던 의사는 건강을 생각해 5센티미터 이하의 낮은 굽을 신으라 종용한다. 눈물이 그렁그렁해진 내게 단 하나의 잘못이 있다면, 한겨울에 조금 얇게 입고 하이힐을 신었던 것뿐. 그저 오들오들 떨다가 허리에 힘을 너무 많이 주어서 삐끗한 게 죄다. 어느 날 갑자기 의사가 당신의 척추에 점수를 매긴다면, 사랑해 마지않는 하이힐을 던져버릴 수 있을까? 나로 말하자면, 아직은 그럴 수 없다. 스타들이 재활센터에 드나들면서도 약물과 알코올을 끊지 못하는 것과 같은 이유다. 한 번에 치료할 수 없으니까 중독이고 쉽게 고쳐지지 않으니까 습관이지 않겠는가.

"테니스화보다 하이힐을 신으면 더 잘 달릴 수 있어 요."

패리스 힐튼은 미국 FOX TV의 〈심플 라이프〉에서 생각 없는 말을 많이 뱉어낸 걸로 유명해졌는데, 때 로는 공감대를 형성하는 발언을 하기도 한다. 이 렇듯 어떤 라이프스타일을 가진 사람이든 상관없 이 하이힐을 많이 신는 여자들은 공통적으로 지상 10센티미터 정도의 높이 위에서 뛰어내리기, 사다리 오르기, 짐 들기 등을 할 수 있다.

하이힐은 처음에는 힘들지만, 한번 적응해서 익숙해지면 습관처럼 신을 수 있다. 만약 어쩌다 낮은 굽의 신발을 신었는데 어색하고 땅에 붙어 다니는 기분이라면, 또 하이힐을 신지 않았을 때 뭔가 하나 빠진 것처럼 허전하다면 하이힐 마니아 길로 접어든 것.

앞선 힐튼의 발언에는 '리무진에서 잠깐 내려서 잠깐 달리는 것'이 란 숨은 뜻이 존재할지도 모르지만, 아무리 하이힐이 좋아도 이 신발 의 종류는 결단코 편안함이라는 수식어와는 어울릴 수 없다. 다만 미 적으로는 완벽하다는 것이 맞는 표현일 것이다. 하이힐을 신고 뛸 수 있는 것은 사실이지만 오래 달릴 수는 없고, 혹시 오래 걷거나 서 있 으려면 양손을 잡아줄 수행원과 밟고 서 있을 푹신한 레드카펫을 열 망하게 된다.

시대가 요구하는 미의 기준에 자신의 몸을 끼워 맞추는 것은 사회적 동물의 본능이다. 빅토리아 시대, 여성의 아름다움에 대한 포커스는 개미처럼 가는 허리에 맞춰진다. 영화 〈바람과 함께 사라지다〉에서 비비안 리가 침대 기둥을 붙잡고 있고, 하녀가 코르셋을 조이던 장면처럼. 몸에 꼭 끼는 코르셋으로 인해 이 당시 여성들은 소화불량에 시달렸고 심지어 호흡곤란까지 일으키고는 했는데, 걸핏하면 픽픽 쓰러지던 여성들은 연약해서라기보다 일종의 코르셋 발작 같은 거였다. 더욱이 코르셋을 오랫동안 착용한 여성의 갈비뼈는 위로 올라가 있고, 장기는 밑으로 내려와 있다는 충격적인 보고도 있다.

코르셋에서 해방된 지금, 여성들은 다이어트, 가슴 확대, 종아리 성형부터 시작해 보톡스 시술까지 직접적인 신체의 변형을 추구하고 있다. 이런 시대에 유일하게 외부에 의한 자극으로 일어나는 간접적 변형이 있으니, 그건 바로 발의 실제 모양을 고려하지 않는 신발의 착용으로 일어난다. 실용적이고 기능적인 것을 넘어 미적인 것을 더 선호한 결과이다.

"내 발은 예뻐!" 라고 자신 있게 말할 수 있는가? 예쁜 발을 가진 사람은 운동화를 즐겨 신는 쪽일 확률이 높다. 하이힐을 많이 신거나 특히 볼이 좁은 구두를 많이 신는 여자들은 엄지발가락이 두 번째 발가락 쪽으로 휘어서 약간 곡선을 그리고 있기 쉬운데, 이것이 바로 외반무지증. 심할 경우 통증이 있고, 걷는 것이 다소 불안정해진다. 좁은 볼을 가진 하이힐을 많이 신는 경우에 새끼발가락 또한 구부러진 모양으로 변형되고, 새끼발톱은 제대로 자라지도 못한 채 안쪽 살로 파고들어 염증을 일으키는 경우도 있다. 게다가 좁은 구두 때문에 마찰을 많이 받다 보니 발바닥에 티눈이나 굳은살이 생기는 것은 다반사.

세상 모든 일에는 양면이 존재하듯, 아름다운 하이힐을 신은 발은 추하게 일그러져 있다. 그렇다고 하이힐을 포기할 수도 없고, 맨발도 예뻤으면 좋겠다고 생각한다면 발 관리에도 신경 써야 한다.

내가 즐겨하는 셀프 풋케어는 이렇다. 먼저 하이힐을 신으면 종아리가 붓기 마련인데, 단순히 베개 위에 발을 올리고 있는 것보다 냉찜질을 하거나 쿨링젤을 바르면서 발목부터 종아리까지 부드럽게 마사지해 준다. 가끔씩 발에게는 호사스러운 온천욕도 준비한다. 티트리 오일같이 향균, 방취 효과가 좋은 에센셜 오일을 미온수에 한두 방울 떨어뜨린 뒤, 두 발을 담그고 발가락을 꼼지락거리면서 발가락 기지개를 펴주는 것이다. 그러면 발에 뭉쳤던 근육이 이완되면서 피로가 풀린다. 시간이 넉넉하면 새로 생긴 굳은살을 제거하고 풋크림을 발라준다. 그러면 못난이 발도 비단결처럼 변신한다(무엇보다 꾸준히 해

주는 것이 중요하다).

사실은 발에 편한 신발을 고르고 제대로 걷는 연습을 하는 것이 가장 좋은 방법이다. 신발의 상태를 보면 자신이 어떤 방식으로 걷고 있는지 알 수 있다. 굽 바깥쪽이 먼저 닳거나 한쪽 굽만 빨리 닳는 사람은 걷는 방법에 문제가 있는 것으로 팔자걸음, 안짱걸음 등 바깥쪽에 힘을 줘서 걷는 경우다. 우리는 친구들과 슈퍼모델 지젤 번천의 파워풀한 X자 런웨이 워킹을 흉내 내는 것에서 즐거움을 찾기는 해도, 허리를 세우고 발 끝 먼저 닿도록 유치원 때 배운 건강한 워킹법을 곧잘 잊어버린다.

심장에서 보낸 피를 다시 펌프질해 돌려보내는 제2의 심장인 발이 튼튼해야 혈액 순환이 잘 되어서 몸이 건강한 법. 예쁜 신발도 좋지만, 일단 내 발부터 관리하고 제대로 걷는 법부터 익혀 원점으로 돌아가는 것은 꼭 필요한 일이다.

사정이 이러하기에 의학자들은 입을 모아 하이힐이 현대판 전족이라고 말한다. 하이힐을 신으면 예쁜 각선미와 꼿꼿한 자세를 얻을 수 있지만 발의 볼 부분에 모든 압력이 실려 모든 체중을 그곳에서 지탱해야 한다. 이로 인해 몸이 비틀거리게 되고 허리에 무리하게 힘이 들어간다. 만성이 되면 허리가 앞으로 휘는 요추전망증에 걸릴 수 있고, 추간판이 신경을 자극해 목 디스크에 노출될 위험도 있다고 한다.

비틀거림을 막고자 종아리 근육에 힘을 주면 빨리 피로해지고 통증을 느끼기도 하는데, 이때 무릎은 체중의 두 배에 달하는 하중을 견뎌야 한다. 또한 하이힐은 여성들의 뇌수에 자극을 주어(그래서 힐을 신고 오래 걸으면 머리가 아파왔던 것이다) 임신율에까지 영향을 미친다고 한다(하지만 그웬 스테파니는 만삭의 몸으로 남편의 손을 잡고 높은 스틸레토를 신고 돌아다녔다).

이 모든 위험요소를 방지하고자 한창 피어나는 시절부터 할머니처럼 효도신발을 신고 가까운 공원을 산책하기에는 인생에는 아름다운 순간들이 많다. 그래서 구두 뒤축을 접어 신거나 슬링백의 끈을 밟은 채 발꿈치를 드러내어 뮬처럼 신발을 신는, 어쩌면 최대의 꼴불견인 여성도 어떻게 보면 그저 미적 욕구의 희생자일 뿐이다.

매력과 장수 사이에서 1초도 망설이지 않고 매력지수를 택하는 지금의 나이가 지나면 후회할지도 모르겠다. 그러니 하이힐을 그토록 신고 싶으면, 이틀에 한 번 정도는 낮은 굽으로 갈아 신어주라는 의사들의 한 발 물러난 대응법도 있지 않겠는가. 더 이상 하이힐을 신을 수 없는 나이에 왔을 때, 후회 없었노라 말할 수 있는 융통성을 갖고 하이힐 라이프를 즐길 것. 그게 바로 진정한 하이힐 마니아의 태도다. 나의 사랑하는 척추여, 어쨌든 미안하다!

# 5
## 슈즈는
## 항상 꼭 맞지

아침은 늘 이렇다. 알람을 끄고, 조간신문 헤드라인을 곁눈질로 보면서 양치질을 하고, 머릿속으로는 '오늘은 뭘 신을까'를 생각한다. '멋진 신발이 멋진 곳으로 데려다준다'는 말을 믿는 나는 인생이란 걷기의 연속이니 이왕 같은 길을 걸어야 한다면 매일 다른 신발을 신고 늘 다른 기분으로 걷기를 바란다.

일상에 치여 도피하고 싶을 때, 가장 안전하고 편안한 시간이란 음악 한 곡에 4분 40초, 영화 한 편은 103분, 책 한 권이 3시간이다. 다른 이의 모험과 느낌을 내 것으로 만들기에는 턱없이 얄팍한 시간. 행복하다고 착각했던 시간이 끝난 뒤, 밀려드는 상실감이란. 순식간에 숨이 턱 막히는 기분이 든다. 그래서 누구든지 지속적으로 애정을 쏟

아부을 수 있는 일을 찾는다.

그래서 애완견을 기르고(싫증나면 유기견이 되고), 누군가를 사랑하고(그러다가 상처받고), 일에 열중하고(스트레스에 미쳐가도), 내 집 마련을 위해 돈을 모으고(즐기는 인생이 무엇인지 잊고 살고), 특정한 일에 집착(삶이 풍요로워질 것 같은 여가생활 따위를 포함)한다.

인간이라면 누구나 갖게 되는 감정인 '외로움'. 이 특별하지도 않고 일상적인 감정을 우울증으로 발전시키고 싶지 않아 사람들은 바쁘고 정신없이 살기로 작정한 것처럼 보인다. 하지만 외로움은 그런 와중에도 갑자기 스며든다. 그래서인지 나는 도시 속에서 느끼는 일상적인 고독감, 혼자 있는 여인들의 외로움을 포착한 그림에서 묘한 동질감을 느끼고는 했다.

미국의 사실주의 화가인 에드워드 호퍼의 그림 속 여인들은 묘한 상상력을 불러일킨다. 〈호텔룸〉(1931)이란 제목의 그림은 어디론가 떠날 듯 혹은 방금 도착한 듯 짐은 풀지 않은 상태의 이중성을 보여준다. 그림 속 여인은 침대에 앉아 지도인지 편지인지 알 수는 없지만 막연하게 무언가를 들여다보고 있다. 무표정하고 외로워 보이지만 그 상태를 초연하게 받아들인 모습에서 꾸밈없는 자유로움이 느껴졌다. 동시에 나는 외로움이 아닌 편안함의 기분으로 충만해지는 것을 느낀다. 마치 호퍼의 그림 속 여인들은 버림받은 것이 아니라 혼자인 것을 선택한 듯하다.

"폭식을 하는 진짜 이유는 배가 고파서가 아니에요."

태어나서 모든 사이즈를 경험해 봤다는 미국 토크쇼의 여왕 오프라 윈프리는 스트레스를 먹는 것으로 풀었다고 고백했다. 이처럼 신발을 사는 것 역시 필요가 아닌 욕구에 의한 것이다. "스트레스를 받았을 때, 무엇을 하며 시간을 보내나요?"라는 질문에 "쇼핑"이란 대답을 하는 여성들이 생각보다 많다. 무언가를 사들이면서 욕구를 충족시키는 구매 치료(쇼핑 테라피)는 마음에 드는 물건을 사면서 행복 에너지를 동시에 주입받는 것으로, 고심 끝에 구매하는 것보다 충동구매를 할 때 카타르시스를 더 크게 느낀다.

외로움과 욕구 불만은 어떤 형태로든 표출하게 되어 있다. 감정도 질량 보존의 법칙이 적용되는지 부족한 어느 한구석을 무엇으로든 채워야 안정감을 느낀다. 슈어홀릭은 말 그대로 마음에 들고 발에 꼭 맞는 신발로 그 자리를 메운다.

영화 〈순애보〉의 여주인공 아야(다치바나 미사토)는 재수생으로 미래에 대한 목표도 삶에 대한 애정도 없다. 그런 그녀의 허무한 일상에 목표가 생겼으니, 바로 날짜변경선에서 숨을 참고 죽는 것. 그러면 아무도 내가 오늘 죽었는지 어제 죽었는지 모를 거라는 것이 그 이유다. 메마른 삶을 사는 그녀이지만, 쇼윈도에서 루비색 스톤이 전체적으로 박힌 플랫 슈즈를 보고 한눈에 반해버린다.

"돈이 모자라서 그러니 일단 한 짝만 데려가고, 나중에 다른 한 짝도 찾으러 올게요."

날짜변경선으로 가기 위해 모으던 돈을 구두 사는 것에 써버릴 정도였다. 무언가를 간절히 원하면 만물은 그 소망을 실현시키고자 도와준다는 《연금술사》의 파울로 코엘료의 말처럼 루비 구두는 반값에 아야의 것이 된다. 늘 우울한 얼굴이 가시지 않았던 그녀지만, 그 루비 구두를 신고 뛰어갈 때는 세상을 다 가진 듯 완벽하게 행복한 모습이었다. 그 마음으로 삶을 살아간다면 결코 못할 일도, 죽을 결심을 할 이유도 없어 보일 만큼.

심지어 아야는 캐비닛을 모조 보석 등으로 꾸며놓은 작은 신전 같은 신발장을 가지고 있을 정도다. 그런 그녀가 날짜변경선으로는 갔지만, 삶을 포기하지 않는 것은 당연한 결말이었다. 그 대신 알래스카에서 우인(이정재)을 만나 사랑에 빠질 것임을 암시하고 영화는 막을 내린다.

"옷은 마음에 든 적이 없고, 음식은 먹어봐야 살만 찌지만, 신발은 항상 꼭 맞지Clothes never look any good, Food just makes me fatter, Shoes always fit."

영화 속의 또다른 슈어홀릭을 찾고자 하면, 〈당신이 그녀라면〉(원

제는 In her shoes》)의 명문대 출신에 잘나가는 변호사 로즈(토니 콜렛)
가 떠오른다. 지루해 보이는 옷차림과 평범한 외모지만 벽장 속 가득
신발을 숨겨놓은 슈어홀릭으로 잘 신고 다니지도 않는 섹시하고 멋진
구두를 모으는 것이 그녀의 취미이다. 여느 자매들이 그렇듯 언니의
구두는 섹시한 외모에 자유분방한 행동을 일삼는 여동생 매기(카메론
디아즈)의 차지. 서로 다른 외모와 성향을 가진 자매 이야기를 다룬 이
영화에서 자유로운 영혼의 동생과는 달리 조금은 지루한 일상을 영위
하고 있는 로즈에게 언제나 꼭 맞는 신발이 일종의 활력소 역할을 하
는 소도구이다.

누구에게나 인생에 특별한 의미를 가진 물건이 하나 정도는 있을
것이다. 그것은 무미건조한 삶에 윤활제가 되기도 하며, 외롭고 지친
나를 일으켜 세우기도 한다. 항상 한 켤레로 온전히 존재하는 신발은
굳이 어울리는 다른 것을 찾을 필요 없이 그 자체로만으로도 완벽하
며, 어디든 함께 가주기에 동반자 의식이 느껴질 정도다.

엄밀히 말하자면 충동구매로 신발을 사는 것은 일회성 이벤트로 그
쳐야지, 그 빈도수가 높아지면 위험하다. 아주 마음에 드는 것을 우연
히 발견하여 충동적으로 저지르는 것이 아니라 일부러 '지를 것'을 찾
아 돌아다닐 때가 오면 돈 걱정을 떠나 물건을 갖고 난 다음의 흥분은
잠시, 이내 밀려오는 엄청난 상실감을 감당할 수 없게 된다.

사랑이 지난 뒤에 오는 것이 집착이라고 한다면, 나의 외로움을 채운 자리에 남는 것은 소유욕이라는 얼굴이었다. 언제 샀는지 기억을 더듬어봐야 하는 선반 가득 정리해 둔 구두와 구두 상자, 구두를 보관하는 더스트백에서 묘한 만족감을 느끼고는 했으니까. 그리고 특별히 리폼한 전신 거울(아크릴물감으로 칠한 테두리와 헤드 부분은 스팽글로 장식하고, 홍대 근처에서 받은 벨벳바나나클럽의 엽서 크기 홍보전단과 섹시한 고양이 가면을 붙였다)은 나에게 나르시시스트 기질이 있음을 인정하게 한다.

　신고 싶어서가 아니라 단지 갖고 싶어서 산 화려한 보석 박힌 구두 한 켤레와 굽 높이 13센티미터에 육박하는 스틸레토힐을 집에서 신어보며, 다리가 길어 보여서 유독 아끼는 그 전신거울에 모습을 비춰보는 것. 정말 신기하게도 그렇게 혼자 놀다보면 어느새 찌푸렸던 인상이 활짝 펴졌다. 조금 이상한 취미라고? 누군가 그랬다. 여자에게 할 수 있는 가장 잔인한 고문이 아름다운 옷과 구두가 즐비한 공간에 가둬놓고 거울을 주지 않는 거라고. 바꿔 생각하면 거울만 있다면 하루 종일이라도 갇혀 있을 수 있다는 말이 된다.

　분노가 몰아치면 화를 폭발시키고 울어버리면 그만이지만, 아무 이유 없이 외로움이 뼛속까지 느껴질 때, 나에게는 조금은 유별난 이 스트레스 해소법이 통한다.

물론 에드워드 호퍼의 그림 속 여인들처럼 다소 외롭게 느껴지지만 '정말 내가 되고 싶었던 나를 만나는 자유로움'을 동시에 맛볼 수 있다.

어김없이 똑같은 일상이 시작된다. 휴대전화 알람 대신 안부 메세지가 울리고, 조간신문은 새로운 세상 이야기를 담고 있고, 양치질을 하며 '오늘은 조금 화려하게 골드 컬러의 오픈 토 슈즈를 신어볼까'라고 생각하는 일상 말이다.

# 6
## 슈즈가
## 바로 신분증

　일본의 긴자, 그곳의 유명한 클럽에서 정치·경제계 인물들과 같이 사회를 움직이는 핵심인사들을 접대하는 호스티스는 권력과 가까운 사람에게 총애를 받는 경우가 많다. 그래서 일본에서는 유명한 호스티스에게 밤을 다스리는 여자 군주라는 의미로 여제女帝라는 칭호를 붙인다. 이 노련한 호스티스는 남성들의 신발을 보고 그의 주머니 사정을 꿰뚫어본다고 하는데, 밤의 여제뿐만이 아니라 부호의 아내 자리를 꿰찬 여성도 신발은 부를 측정하는 하나의 도구라고 입을 모은다.

　"제일 먼저 나는 그의 눈을 봐요. 그 다음에 그가 신고 있는 구두를 보지요."

　미국의 부동산 재벌 도널드 트럼프의 전前 부인이자 이혼 소송으로 천문학적인 위자료를 청구해 유명해진 이바나는 이처럼 생김새를 보고도 거리에서 백만장자를 고를 수 있다고 호언하기도 했다.

마크 트웨인의 소설 〈왕자와 거지〉는 부유함과 빈곤함이란 결국 걸치고 있던 그 옷가지 하나에서 판별이 났음을 보여준다. 외모는 닮았지만 거지와 왕자라는 서로 다른 운명을 타고 태어난 두 소년이 서로의 처지를 비관해 하루만 옷을 바꿔 입고 지내보기로 했을 때, 아무도 거지로 분한 에드워드 왕자를 진짜 왕자로 생각하지 않았다. 심지어 결말 부분에서 에드워드는 자신이 진짜 왕자라는 것을 증명하기 위해 지니고 있던 다이아몬드 펜던트를 보여줬어야 했을 정도였다.

내면을 중시하라고들 하지만, 사람을 외면에서 보이는 첫인상으로 판단하는 것은 사실이다. 그것은 속물근성이 아니라, 외적인 요소밖에 객관적인 정보가 없기 때문이다. 그래서 사람들은 격식을 차려야 하는 자리에 나서면 무리를 해서라도 고급스러운 옷이나 가방을 착용하고자 노력한다. 이때의 옷은 벗은 몸에 걸치는 것이 아니라 자존심을 포장해야 하는 것이다. 하지만 진정한 부유층은 잘 보이지 않는 구석에도 신경을 쓴다. 그들은 신발이 잘 안 보일 것이라며 미처 신경쓰지 못하는 실수는 저지르지 않는다.

자본주의 체제 아래에서는 경제력이 곧 권력이고, 능력으로 받아들여진다. 그리고 성공하고 싶다는 의미 저변에는 금전적으로 넉넉한 부유층이 되고 싶다는 의미가 내포되어 있다. 신분 상승을 통해 사람들을 휘두르고, 안락한 삶을 영위하고 싶은 것은 마더 테레사나 달라이 라마와 같은 성인聖人이 아니고서야 모두가 원하는 바이다. 심지어 보리수나무 아래서 해탈의 경지를 이룬 석가모니도 왕족 출신으로 속세의 모든 쾌락을 다 경험해 보지 않았는가.

사람들은 보이는 이미지에 신경을 쓴다. 분수에 맞지 않는 값비싼 외제 자동차와 평수에 집착하며 집을 늘려가고, 무리해서 명품을 소비하고는 한다. 속칭 상위 1퍼센트라고 칭해지는 부유층의 어떤 점이 그토록 매력적인 것일까? 부유층은 노동계급이 아니고, 무위도식하며, 명령을 하는 것에 익숙한 사람들이다. 많은 교육을 받았고, 어디에서나 주목받고, 오피니언 리더로서 사회를 움직이며, 몸을 쓰는 험한 일을 하지 않아도 되는 만큼 불편한 치장이 가능하다. 즉, 활동하기 불편한 차림을 할수록 부유층인 것이다. 실크, 다이아몬드, 밍크, 진짜 보석으로 장식한 하이힐, 악어가죽 가방과 같이 부를 상징하는 모든 아이템들은 손에 넣기 위해서도 많은 돈이 들지만, 실용성이 떨어지고 관리하는 데에도 비용이 많이 든다. 사실 진정한 유서 깊은 부유층은 이처럼 보이기 위한 졸부들의 천박한 소비 행태에 냉소적인 시선을 보내면서, 영국의 전설적인 부호인 로스차일드 가家처럼 고상한 취향을 내세우기 위해 예술품 수집에 많은 소비를 하기도 한다.

복식 자체로 신분을 구분했던 것은 그 역사가 깊다. 통일신라 시대에도 골품제도를 통해 성골, 진골, 6두품 등과 같이 계급에 따라 착용할 수 있었던 복식의 형태와 색이 정해져 있었다. 이는 흥덕왕 9년에 '복식금제령'에 따른 것으로, 경제 발전에 따라 사치가 심해지면서 상하의 구분을 두기 위해서였다. 다시 말해, 자신들의 권력에 감히 도전하지 못하도록 기준선을 둔 것이다. 서양에서도 자색이나 담비털이 붙은 것은 왕족이나 고위 성직자만 입을 수 있었던, 신분을 상징하는 요소였다. 특히 신발은 복식 못지않게 시대상을 반영하면서 부를 상징하는 수단으로 활용되어 흥미롭다.

중세의 유럽에서는 12세기에 오른발, 왼발에 맞는 구두의 형태가 만들어진다. 고딕양식의 교회 건축으로 대표되는 수직적 사고의 팽배는 신발이나 모자에서 역시 길고 뾰족한 형태를 만들어낸다. 14세기에는 긴 코를 가진 풀렌을 신어야 부유층이었다. 걷기에 불편할 정도로 코의 길이가 10센티미터가 넘어가는 것도 있었는데, 이는 경쟁적으로 길이를 늘인 결과였다. 그래서 앞 코의 빈 공간에는 밀기울이나 머리카락 등으로 채워 걷기에도 편하고 코의 모양도 잡아주도록 했다. 신발 코의 길이가 한없이 길어지자 영국의 에드워드 4세는 1463년에 그 착용을 규제하는 법을 공포하기도 한다.

고딕풍의 날카롭고 뾰족한 구두는 르네상스를 겪으면서 둥그스름한 모양으로 변하게 된다. 르네상스가 가진 수평적 사고에 영향을 받아 뾰족한 형태의 중세와 달리 볼이 넓어지는 디자인이 등장한 것이다. 이 신발은 오리 부리처럼 생겼다 하여 덕빌 슈즈duck's bill shoes라 불리게 되는데, 발볼이 넓은 영국의 헨리 8세가 신어 유행했다는 속설도 있다. 왕을 추종하던 귀족들이 경쟁적으로 볼의 넓이를 확장해 점점 신발이 거대해지게 되는데, 1540년경에는 각 국에서 제조금지령이 내려지고 영국에서는 폭 15센티미터 이상의 구두가 금지되었다.

그 이후, 루이 14세가 높은 신분을 상징하기 위해 하이힐을 신으면서 높은 굽은 곧 높은 신분을 의미하게 된다. 당시만 해도 서민계급에서는 노동에 적합한 굽이 달리지 않은 신발을 신었으니 실로 신빙성 있다. 그 후 하이힐은 지금까지도 부의 상징처럼 여겨지고 있다.

왕정이나 교회의 지배력이 강했던 시기에는 여러 가지 의복 관련 금제를 통해 기득권층의 힘을 지키려 애썼다. 자유와 인권을 부르짖는 요즘이야 신발의 형태로 부를 상징하지는 않다. 복식금제도 없으며, 스타일에서 어떠한 시도를 하든지 아무도 규제하지 않는다. 다만 어떤 브랜드를 신었는가에 따라 부의 척도를 구분하는 것은 여전하다. 하이힐 자체가 아닌 마놀로 블라닉의 실루엣, 지미 추의 디자인, 크리스찬 루부탱의 킬힐 등 다양한 수식어로 구두를 칭하면서 차별화한다. 또한 구두보다 상대적으로 저렴하다고 인식하곤 했던 스니커즈

마저도 루이비통, 구찌와 같은 브랜드에서 출시되면서 브랜드의 로고가 바로 신분증의 역할을 한다.

이런 것들이 일정 소득을 가진 사람이 무리해서 '지를 수' 있을 정도의 기호품이라면, 럭셔리 브랜드들은 로열 마케팅을 시도해서 대중들의 접근을 차단시키는 얄미움을 보인다. 바로 소수만을 위한 값비싼 리미티드 에디션limited edition(한정판)으로 뱁새들의 가랑이가 찢어지는 시도를 막는데, 이는 가질 수 없을 때 더 갖고 싶은 사람들의 심리를 자극시키며 브랜드의 가치를 높이고 있다. 진짜 다이아몬드로 장식된 슈즈들이 매스컴을 타는 것도 이와 맥락을 같이한다. 구경하는 자에게는 호기심을 끄는 이벤트 혹은 질투 섞인 비아냥거림의 대상이 될지언정 TV를 금으로 장식하거나 다이아몬드를 큐빅 정도의 값어치로나 생각하는 중동의 오일머니 부자에게는 소비성 제품에 불과하니까.

요즘 누구나 하이힐을 신지만, "어서 차 한 대 뽑아서 다녀야겠다" "운전기사가 딸린 차를 타야겠군!"이란 우스갯소리를 심심치 않게 할 만큼 단지 하이힐만을 신기에는 옵션이 필요하다고 느낀다. 현실이 어떨지라도 표면적으로는 평등하나 가진 것에 따라 차별은 존재하는 이 시대에 내게 꼭 하나만 자신을 멋지게 포장할 수 있는 아이템을 고르라 한다면, 주저 없이 뱁새 다리도 황새처럼 길어 보이게 하는 하이힐을 선택할 것이다. 이는 어쩔 수 없는 속물근성일 수도, 무시당하고 싶지 않다는 자존심의 보호를 위한 자기방어일 수도 있다.

# 7
## 스틸레토를 신은
## 여자는 위험하다

"너나 잘하세요."

수많은 패러디를 만들어낸 금자씨의 오만한 발언. 박찬욱 감독의
복수 시리즈 중 하나인 〈친절한 금자씨〉에서는 악녀와 성녀란 금자의
이중적인 이미지를 패션으로 보여준다. 그녀는 모범적인 수감 생활
중에는 천사의 발현이라고 불릴 만큼 기도할 때 후광까지 보이는 하
얀 원피스를 입은 성녀의 모습이나, 복역 후 자신을 죄인으로 만든 백
선생에게 복수하고자 할 때는 붉은색 아이섀도를 칠한 눈두덩이와 하
이힐로 표현된 악녀였다.

성서에 나오는 마리아란 이름은 가장 성스러운 이름이자 가장 음탕
한 계집인 창녀의 이름이기도 하다. 태초의 이브는 아담을 유혹하여

선악과를 먹게 하는 원죄를 지었다. 이브는 그 후로 유혹의 상징이 되었고, 성서는 이브의 딸인 여성에게 악녀의 유전자가 있다고 말한다.

팜므파탈. 치명적인 매력으로 남성을 몰락시키는 여성은 한마디로 나쁜 여자다. 역사적으로 잘 알려진 팜므파탈의 공통점은 빼어난 외모를 가지고 남성을 성적으로 몰락시키는 여성이다.

클림트를 비롯한 많은 화가들이 이미지화했던 유디트는 조국을 위해 기꺼이 적장인 앗시리아 홀로페르네스를 유혹해 내어 목을 베었건만 영웅으로 칭송받지 못했고, 다만 성적 매력으로 남성을 살해한 전형적인 팜므파탈로 각인되어 있다. 왕을 유혹하여 세례요한의 목을 베게 한 살로메 역시 서양에서 나쁜 여자의 절대적 상징으로서, 관능미로 남자를 조종하는 전형적인 요부이기도 하다. 아름다운 목소리로 뱃사람을 유혹해 죽였다는 사이렌이란 인어부터 물랑루즈에서 누드에 가까운 차림으로 밸리댄스를 췄던 고급 콜걸이었다가 스파이란 혐의를 쓰고 사형당한 마타하리가 대표적인 팜므파탈이다. 독처럼 강력한 성적 매력을 가진 여성들은 매혹적이지만 한편으로는 두려움의 존재로 터부시된다.

남성들은 고전적으로 '자유분방한 여성과는 연애를, 얌전하고 착한 여성과는 결혼을'이란 모토를 가지고 있다. 그래서 부호들이 아내 외에 정부情夫를 두는 것은 흔하디흔한 일이다. 세상에는 탕녀와 성녀밖에 존재하지 않는다는 이분법은 남성들이 주도권을 쥔 사회의 필연적 결과물이고, 각종 매체 역시 가장 큰 수요자인 남성들을 의식해 여성들을 요부의 이미지와 천사의 이미지로 나누어 포장한다.

현대에서도 성공한 커리어우먼으로 그려지는 독립적인 여성은 지적이고 성적 매력까지 겸비했으며 보통 스틸레토를 신고 등장한다. 송곳처럼 뾰족한 굽이란 뜻의 스틸레토힐은 가늘고 긴 굽이 다리를 지탱하는데, 가냘프다기보다 오히려 도발적인 힘이 느껴진다. 도도한 그녀들은 결국 주인공의 사랑을 받지 못하고 순진한 여주인공을 괴롭히는 악녀 역을 도맡는다. 반면에 연약하고 내숭덩어리인 여성들은 리본이 달려 있거나 낮은 굽의 단정한 메리제인 슈즈 등을 신어 착하고 의존적인 성향을 표현한다. 그 빌어먹을 보호본능의 수혜자는 스틸레토를 신는 여성의 뒤통수를 치고, 그리고 행복해진다.

그렇다면 내숭덩어리의 그녀들은 과연 정말 그토록 바라던 성녀이자 천사일까? 남성들은 굉장한 착각임을 모른다. 사실 탕녀들도 한때는 순수의 시절이 있었고, 원하는 남성의 관심을 끌기 위해서는 내숭을 떨며 고고한 척하는 대신 헤프게 굴 줄도 알아야 한다는 것을 깨달았을 뿐이다. 다만 어느 정도의 선에서 수위를 조절할 수 없었을 때 탕녀로 불리게 된다.

착한 여자 이후 나쁜 여자가 트렌드였다면, 요즘은 금자씨처럼 복

228

합적인 이미지가 추세다. 낮에는 더없이 평범하고 얌전한 요조숙녀 같은 여자가 밤이 되면 요부로 변신하기를 바라니까. 바로 영화 〈베트 맨 2〉의 미셸 파이퍼가 연기한 캣우먼과 같은 이미지다. 평범하고 온 순한 비서가 밤이 되면 번쩍이는 가죽 슈트에 망사 스타킹, 섹시한 스 틸레토힐 부츠를 신고 채찍을 휘두르며 갸르릉거리는 모습에서 남성 들은 묘한 매력과 만족감을 느낀다. 주변의 평범한 A양도 그렇게 변 신할지 모른다는 판타지를 가진 채.

카사노바나 사드 후작 같은 성적으로 자유분방했던 남성들에 대해 서는 다만 정력적이었고 성적 기호가 특이했을 뿐이라고 하지, 그들 을 싸잡아 나쁜 남자라고 말하며 비판하지 않는다. 하지만 반대로 여 성이 그랬다면 마녀사냥도 불사했을 것이다. 남성들의 역사에서 도덕 적 잣대는 이중성이 크다.

나쁜 여자들은 도도하다. 남성들에게 복종하지 않으니 그들을 경계 하는 것도 당연하다. 현대의 팜므파탈은 살상무기로도 쓸 수 있을 만 큼 하나같이 높고 날카로운 스틸레토힐을 신은 채 등장한다. 샤론 스 톤이 영화 〈원초적 본능〉에서 긴 다리를 꼬았을 때 뾰족한 스틸레토 힐을 신지 않았더라면 과연 섹시함이 넘쳤을까? 스틸레토를 선호하는 여성은 높은 콧대와 함께 남녀관계에서 주도권을 쥐고자 하는 팜므파 탈의 기질이 엿보인다.

여자에게 제대로 된 **구두**를 주면, 세상을 **정복**할 수 있어요.

Give a girl the correct footwear and she can conquer
the world. — 베트 미들러Bette Midler(영화배우, 가수)

이처럼 옷보다 신발에서 사람의 숨겨진 취향을 확실히 파악할 수 있다. 옷은 여러 피스가 합해져 조화를 이뤄야만 하지만 신발은 단독으로도 충분히 존재해 그 사람의 모든 취향이 함축되기 때문이다. 아무리 완벽하고 냉정해 보이는 사람이라도 신발에 흠집이 많다면 그 뒤에 덜렁거리고 실수 잘하는 성격이 숨어 있음을 직감한다. 신발을 1년이 넘어도 새것처럼 깨끗이 신는다면 완벽주의와 결벽증을 의심하게 되는데, 그런 사람일수록 소극적이며 어디에서든 얌전하게 처신하는 것을 볼 수 있다. 또한 무겁고 튼튼한 신발을 신는 이는 신중한 성격이고, 가벼운 로퍼를 즐겨 신는 사람은 다른 이들을 스스럼없이 대하는 성격이기도 하다.

신발에는 취향이 집약적으로 드러난다. 옷처럼 유행에 그다지 민감하지 않는데다 둥근 앞코, 뾰족한 앞코를 선호하는 사람이 저마다 다르고 굽은 높거나 낮거나 가늘거나 다소 뭉툭하거나 등 기본적으로 원하는 것의 기준이 확실하기 때문이다. 이미지 또한 그렇다. 착한 여자는 사랑스럽고 귀여운 이미지를 좋아해 둥근 앞코를 선호한다. 나쁜 여자는 앞서 말한 것처럼 뾰족한 앞코로 섹시함을 어필한다.

마지막으로 성급한 일반화의 오류일지도 모르겠지만, 구두를 자주 바꿔 신는 남자는 바람둥이일 확률이 높다. 영화 〈나를 책임져, 알피〉에서 보았듯 알피(주드 로)는 세일 때 산 핑크빛 구찌 셔츠에 프라다 신발을 신을 줄 아는 멋쟁이. 집 안에는 폴라로이드 사진으로 어떤 구두가 들어 있는지 표시된 구두 상자가 즐비하다. 그래서였는지 구두 바꿔 신듯 여자도 늘 바뀌었다. 팜므파탈(영화 속 시에나 밀러)이 알피(주드 로) 같은 카사노바를 만나면? 결국 서로를 못 견딘 채 맞이하는 파멸밖에 더 있겠는가!

스틸레토의 높이만큼 여성들의 콧대는 높다. 높은 굽이 트렌드가 된 것의 이면에는 나쁜 여자의 시대가 여전하다는 것을 말한다. 남성들에게 선택받기를 기다리지 않고 스스로 선택하며, 자신의 일에 열정적이어서 승진 대상 일순위에 오르거나 남편보다 더 많은 수입을 올리는 여성들의 이야기가 비일비재하니까. 남성에게 의존적이었던 성향을 버린 여성들은 당당하고 독립적이며 남녀관계에서 못지않은 주도권 혹은 평등함의 권리를 부여받는다. 지금 이러한 여성들을 두고 팜므파탈이라는 낙인을 찍기에는 소수가 아닌 다수의 여성들이 그런 사고와 행동을 한다는 것을 기억해야 한다. 그리고 그녀들은 그들이 신은 신발만큼 멋지다.

# 8

## 신데렐라의
## 유혹의 기술

나의 왕자님은 테리우스다. 이제까지 읽었던 책 중에 가장 감동적이었던 것을 묻는 질문에는 항상 《캔디 캔디》라 대답한다. 처음에는 농담인 줄 알고 웃어넘기는 사람들도 있지만 내가 장미정원에서의 캔디와 잊지 못할 첫사랑 안소니, 어떤 규율에도 얽매이지 않는 반항적인 이미지가 마음을 설레게 했던 테리우스에 대한 연정을 줄줄 읊고 나면, 질문했던 사람마저 희생정신 강하고 구박받았던 건 이내 잊어버리고는 늘 꽃미남을 거느렸던(?) 캔디에 대한 질투를 공유하게 된다 (캔디를 괴롭혔던 크루아상 헤어스타일의 이라이저 심정을 커가면서 이해하게 되었다).

《캔디 캔디》가 좋았던 것은 그녀 곁을 지킨 훌륭한 왕자(실제로 왕족이 아니어도 외모, 재산, 애정을 갖춘) 때문이다. 디즈니 명작동화를 읽고 자란 세대는 왕자에 대한 망상으로 어린 시절을 보낸다. 여자의 행복은 멋진 왕자를 만나 오래오래 행복하게 살았습니다로 끝나는 거라는 핑크빛 상상을 하며 자라지만, 사춘기가 지나면 우리가 사랑했던 동화 속 왕자들이란 게 알고 보면 변태성욕자에 이기적이고, 잔혹한 인물임을 알게 된다. 기류 마사오의 《알고 보면 무시무시한 그림동화 이야기》를 안 읽어도 어느새 깨달아버리는 것이다.

그래도 여전히 여성들에게 왕자는 로맨스의 상징이다. 먼 옛날 왕정 때나 존재했다고 생각한 왕가王家가 여전히 이어지는 나라가 있음을 알게 되는 순간 그 나라는 엄청난 관심사가 된다. 실존하는 왕자가 꿈에서나 그리던 꽃미남이면 더욱더. 그 대표적인 예로 모나코 왕실의 안드레아는 테리우스가 실존 인물이라면 이렇게 생기지 않았을까 생각될 정도의 외모를 가졌다.

지중해의 작은 나라 모나코가 로맨틱한 나라로 기억되는 것은 세기의 결혼이라 불리던 레니에 공公과 할리우드의 여배우 그레이스 켈리 때문이다. 세기의 미녀와 사랑에 빠진 왕이라. 동화 속 그대로다. 안드레아는 왕과 왕비의 첫 번째 딸인 캐롤라인 공주의 아들. 그가 그레이스 켈리의 고혹적 유전자를 물려받은 것은 축복이다. 가늘고 부드러워 보이는 긴 금발을 흩날리며 전세계 소녀들을 유혹한다. 왕자는 여자들에게 그런 것이다. 현실 속에 없어도 숨 쉴 공기처럼 찾게 되는 판타지. 어쩌면 내가 왕자의 운명의 상대일지도 모른다는 어린 시절의 소망에 대한 희망을 지속시켜 주는 것.

신데렐라 콤플렉스란 한마디로 가진 것이 없는 여자가 부자 남편을 만나 호의호식하고 싶어 한다는 뜻이다. 이 콤플렉스에는 신데렐라가 구구절절한 고생을 많이 하면 할수록 그녀가 만나는 왕자는 더 빛이 난다.

어른이 되어서 다시 읽어보니 신데렐라는 그저 착하지 않다. 구질구질한 일상을 보내도 한 번쯤 일탈할 줄도 아는 오히려 도발적이고 놀기 좋아하는 파티걸의 성향을 가졌다. 신데렐라의 상징인 유리구두도 신데렐라가 요정 대모代母라는 인맥을 갖고 있다는 것과 이 구두를 이용해 왕자를 사로잡을 처세술에 능하다는 것을 알 수 있는 도구이다. 여기서 번역의 잘못으로 유리구두라 알려진 신발은 실제로 뮬이었다.

뮬은 신발 중에 가장 헤픈 신발이다. 굽이 달려 있는 슬리퍼 형태로 어디서든 쉽게 벗고 신을 수 있다. 예전에는 창녀들이나 집 밖에 나갈 때 신는 신발로 인식되다가 17세기 말에서야 패셔니스타 귀부인들의 힘으로 모든 여성이 밖으로 신고 나왔다. 여성들은 드레스 자락 밑으로 발목과 뒤꿈치가 도발적으로 드러나는 에로틱한 뮬을 이성을 유혹

하는 유혹의 도구로 사용했다.

신데렐라 이야기는 루이 14세 시대에 완성되었다고 알려져 있는데, 그 시대의 화려한 취향에 맞게 뮬의 앞부분이 진주 등으로 화려하게 장식되었을 것이다. 또한 신발 주인을 쉽게 못 찾았다는 이야기로 미루어보았을 때 굉장히 앙증맞은 사이즈였을 텐데 왕자는 이런 뮬을 남기고 사라진 신비로운 여성에 대한 에로틱한 환상에 빠졌을 것이다. 신데렐라가 남긴 것은 구두 한 짝이 아니라 바로 다시 만나 나를 유혹해 보라는 '여지'였으니까.

장 오노레 프라고나르의 명화인 〈그네〉는 뮬이 유혹의 도구임을 여실히 보여준다. 레이스가 달린 드레스를 입고 그네를 타는 여성이 있다. 숨어서 그녀를 훔쳐보는 남성은 그녀의 가는 다리와 함께 날아가는 뮬 한 짝에 넋을 잃고 있다. 나머지 한 짝은 발에 아슬아슬하게 매달려 있다. 애초에 그녀는 의도적으로 젊은 연인을 향해 유혹적으로 뮬이 벗겨진 척한다. 만약 그 명화에 다음 장면이 있었다면, 그 남성은 그 구두를 주어들고 그것을 빌미로 여성에게 말을 걸었을 것이다. 뒤에서 그네를 밀어주고 있는 늙은 남자에게 들키지 않을 만한 매우 자연스러운 상황을 연출하며…….

신데렐라를 비롯한 그 시절의 여성들은 손수건을 떨어뜨리는 고전적인 방법보다 훨씬 더 적극적이고 은밀한 유혹의 도구로 뮬이란 신발을 택했다. 한국의 콩쥐도 신데렐라와 비슷하게 꽃신 한 짝으로 원님의 눈에 들지 않는가. 확실히 신발은 이성의 눈길을 끄는 데 효과적이다. 아름답고 작은 신발이 뼛속까지 진짜 여자임을 말하니까. 현대의 여성들도 때로 본의 아니게 신데렐라 흉내를 내고는 한다. 데이트를 할 때 맨홀 뚜껑 틈에 끼인 연인의 하이힐 굽을 빼줘본 경험이 있는 남성들이 꽤 많을 것이다. 기사도 정신은 기꺼이 무릎을 꿇고 사람들이 많은 길거리 한복판에서 여자의 발목과 발을 잡는 것을 주저하지 않는 것이다.

그렇다면 신데렐라의 해피 에버 에프터Happy ever after(오랫동안 행복하게)란 결말은 사실일까? 우리가 실제로 기억할 수 있는 것은 가장 유명한 현대판 신데렐라라 할 수 있는 영국의 다이애나 왕세자비의 결말뿐이다.

다이애나 비는 왕자와 함께 오랫동안 행복할 수 없었다. 알고 보니 그녀의 결혼생활은 카밀라 파커볼스라는 여성과 함께 세 명이 하는 것이었다. 우유부단한 찰스 황태자는 다이애나에게 진실한 사랑도 신뢰도 주지 못했다.

다이애나는 영국의 명문 귀족가문인 스펜서 가의 막내딸로 태어나 런던에서 유치원 보모로 일하는 평범한 여성이었다. 찰스 왕세자는 원래 그녀의 언니와 교제했는데, 다이애나가 찰스를 유혹했는지 퀸 엘리자베스 2세가 추진했는지는 모르겠지만, 전세계에 TV로 실시간 중계될 정도로 화려했던 영국 왕실의 결혼식은 다이애나의 차지였다.

다이애나 왕세자비는 결혼 초기에는 런던 교외풍의 단정하고 평범한 옷차림을 했지만, 어느 순간부터 패션 아이콘이 될 정도로 베르사체 드레스를 입고 지미 추 구두를 즐겨 신는 왕세자비가 된다. 그리고 얌전하게 왕궁에만 머물지 않고 제3세계 어린이들을 위해 봉사활동을 하고, 에이즈 퇴치에 앞장서는 등 세계인의 가슴에 기억될 만한 행동을 보인다. 하지만 찰스 왕세자와 다이애나는 맞바람을 피우다가 퀸 엘리자베스 2세의 노여움을 산다. 거액의 위자료와 영국 국민의 영원한 왕세자비라는 칭호는 그대로 가진 채 이혼하게 된 현대판 신데렐라. 결국 그녀는 낭만의 도시 파리에서 당시 연인이었던 도디 파예드와 함께 파파라치 추격을 피하다 엄청난 교통사고를 당해 사망한다. 그게 바로 그토록 여성들의 부러움을 샀던 다이애나의 결말이었다.

"난 이 세상에서 사랑을 이루고 싶다."

대중들은 케네디 가 형제들과 염문을 뿌리기도 하고, 늘 사랑에 목말라 있었던 마릴린 먼로와 다이애나 비를 비교하곤 했지만, 다이애나 비는 마릴린 먼로처럼 사랑을 이루지 못한 채 죽고 싶지 않다고 말했다. 결국 당시 사랑했던 연인과 생을 마감했으니 어쩌면 완벽하게 불행한 결말의 신데렐라는 아닐지도 모른다. 모험적이고 진정한 사랑을 끊임없이 갈망했던 것이 전부였던 신분 상승과 관계없는 그저 한 명의 '여자'였을 뿐.

어떤 결말로 마무리되었든 신데렐라란 대명사는 신분 상승 욕구로 가득한 여성의 대명사가 아닌, 사랑함에 망설이지 않고 유혹의 기술을 알고 있었던 여인들을 칭하는 말로 바꿔야 함이 옳을 것이다. 더불어 영원히 매력적인 왕세자비로 기억될 고 다이애나 비를 애도한다.

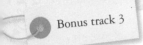
# 직립보행의 인류와 함께한 슈즈의 역사

인간은 왜 직립보행을 하게 되었을까? "폼 나잖아"라고 답한 친구 C의 답이 걸
작이었던 것처럼 직립보행과 함께 인간은 보호와 장식 또 신분 상징의 목적으
로 다양하게 변화된 신발을 신게 되었다.

## 증오하는 사람의 얼굴을 신발에 그려 밟고 다녔던 고대

- 신발은 BC 4000년경 동물의 가죽을 발에 감싸고 이집트 사막을 걷는 것에
  서부터 시작된다.
- 지금까지 밝혀진 가장 오래된 신발은 기원전 3000년경의 이집트의 샌들. 소
  재는 파피루스, 갈대, 양가죽 등으로 만든 나무를 바닥에 대고 끈으로 엄지
  발가락과 두 번째 발가락을 고정시킨 오늘날의 통thong과 같은 디자인이다.
  특이한 점은 이집트 왕의 신발 바닥에는 사람 모양이 그려져 있는데, 이는
  적을 밟아 이긴다는 주술적 의미이다.
- 메소포타미아의 경우 가죽으로 만든, 옆과 뒤축을 감싸는 신발을 신었다.
- 이집트와 메소포타미아의 공통점이 있다면 모두 귀족과 같은 상류층만 신발
  을 신었고 하류층에서는 신발을 거의 신지 않았다.
- 그리스의 경우 초기에는 이집트의 샌들과 유사했지만 후기로 갈수록 발등의
  끈을 정교하게 엮는 크레피스crepis라는 신발이 등장. 희극 배우들은 자신의
  모습을 멀리 있는 관객들에게도 잘 보이기 위해 코더너스cothurnus라고 불
  리는 통굽 부츠를 신는 등 발전된 모습을 보였다.
- 로마는 그리스와 별반 다르지 않았으나 특이한 점은 로마에서 붉은색 가죽
  신발은 창녀를 뜻하는 것으로 이들은 신발에 못을 박아서 자신을 따라오라

는 의미로 자국을 남기기도 했다.

## 신에게 가까이 가기 위해 하늘을 찌를 듯 모든 것이 뾰족한 중세

• 구두 모양을 왼발과 오른발에 각각 맞게끔 만든 것은 12세기 초반.

• 수직적 사고가 팽배했던 중세시대 때는 신발이 신분과 계급을 상징하는 수단이었다. 14세기에는 긴 코를 가진 풀렌 혹은 파이크라고 불리는 신을 신어야 부유층에 속했다. 코의 길이가 10cm가 넘어가는 것도 있었으며 그 공간에는 밀기울이나 머리카락 등으로 채워 걷기에도 편하고 코의 모양도 잡아주도록 했다.

• 신발 코의 길이가 한없이 길어지자 애드워드 4세는 1463년에 그 착용을 규제하는 법을 공포하기도 했다.

## 수평적 사고가 와이드한 신발의 유행을 가져온 르네상스 시대

• 15세기 중엽까지 전성을 이루었던 고딕풍의 날카롭고 뾰족한 구두는 15세기에 들어서면서 르네상스풍의 둥그스름한 모양으로 변하게 된다. 이 새로운 형의 구두는 그때까지와 반대로 토toe가 넓적하게 변하여 오리 부리 모양이 된다.

• 점점 넓고 거대해진 신발로 인해 1540년경에는 각국에서 제조금지령이 내려지고 영국에서는 폭 15cm 이상의 구두는 엄격하게 금지되었다.

• 16세기 후반에는 쇼핀이라는 슬리퍼형의 높은 신발은 베니스인들이 처음 신기 시작하여 스페인과 이탈리아에서 귀부인들 사이에 매우 유행했다. 이것은 그 당시 회교도 여자들의 신발에서 유래한 것으로 보인다. 쇼핀은 굽이 높아 보행에 불편을 주어 보조자가 필요하기도 하였는데 굽의 높이는 다양하여 40cm 이상 되는 것도 있었다. 이 신발은 나무나 코르크로 만들어 겉

에 도금을 하거나 진주, 보석 등으로 장식하고 부드러운 가죽이나 벨벳을 사용하였다.

## 하이힐이 남녀 모두에게 보편화된 바로크, 로코코 시대

- 쇼핀의 굽 모양은 하이힐로 발전하여 17세기 초에는 굽 달린 신발이 일반인에게 나타났다. 근세의 슈즈는 남녀 구별이 뚜렷하지 않았다.
- 바로크, 로코코 시대에는 앞부리가 좁고 짧은 형태가 선호되었고 신발의 재료는 주로 가죽, 벨벳, 실크, 브로케이드 등이며 바로크 시대에 버클이나 끈 대신 나비나 장미 모양으로 아름답게 장식하기도 하였다.
- 바로크 시대의 신발의 색은 주로 밝은 색을 사용하였고 로코코 시대는 검정, 갈색 등 어두운 색을 사용하였다.
- 17세기 중엽에 옥스퍼드라는 일반 실용화가 유행하였다. 검고 부드러운 가죽으로 만든 단화로서 옥스퍼드 대학에서 많이 사용됨으로서 이 명칭이 생기게 되었다.

## 시민들을 위한 스타일, 부르주아를 위한 스타일의 근대

- 부츠와 펌프스 형이 널리 착용되었으며 펌프스는 프랑스혁명 이후에 일반화된다.
- 1800년경 래커 또는 에나멜 가공된 피혁이 파리에 출현한 뒤로는 광택 있는 검은 가죽의 펌프스가 상류층 신사들 사이에 유행했다. 19세기 후반에는 고무의 이용과 제화용 재봉틀의 발달로 신발 제작의 기술적 혁신을 가져왔다.
- 근대 후기에는 구두를 기계로 만들게 되어 군인들의 구두를 대량으로 생산하였다.
- 19세기에 현대의 신발과 비슷한 것이 만들어졌으며 남자는 부츠, 펌프스가

유행했고 여자는 단화인 펌프스를 주로 신었지만 여성 생활에 스포츠가 들어오자 부츠 형이 많이 보급되기 시작한다.

*shoeaholic*

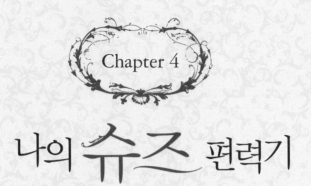

## Chapter 4

# 나의 슈즈 편력기

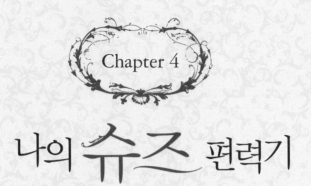 아름다움을 신는 것이 곧 쾌락이다

슈어홀릭은 신발을 크리스티 경매에 위탁하거나 이베이에 리미티드 에디션을 경매로 올려놓는 것보다 단지 소유 그 자체에 기쁨을 느낀다. 마음에 꼭 드는 신발을 보면 호감 가는 남자라도 만난 것처럼 가슴이 두근두근하고, 몸에서 열이 난다. 그리고 완전히 집중하게 된다. 세상에 마치 그와 나밖에 존재하지 않는 것처럼. 이 치명적인 소유욕은 머릿속에 새하얗게 될 때의 충동구매나 치밀한 계산으로 얻어지기도 한다.

# 1
## 악마는 프라다를
## 입는다고?

　에디터의 액면가는 트렌치코트와 프라다 백, 그리고 마놀로 블라닉 하이힐로 결정되고, 루이비통의 다이어리(파리 지도가 나와 있는)와 몽블랑 만년필을 들고 파리의 빅 쇼인 샤넬의 프런트 로front row 자리의 티켓을 수취하는 것이다……

　내 나이 스무 살 전후에 그려지는 패션 에디터란 그런 사람이었다. 이 가상의 에디터는 3.1필립림을 입고 할리우드 스타들과 어깨를 나란히 한다. 무심한 표정으로 유명한 패션쇼를 감상한다. 파티에 가서는 칼 라거펠트나 마크 제이콥스 같은 트렌드를 이끄는 패션 디자이너들을 만난다. 그 시즌의 모델인 나탈리아 보디아노바와 함께 샴페인을 건배한다. 감탄하지 않으려고 노력한다. 어쩌면 〈보그 파리〉의 편집장 카린 로이펠드와 팔짱을 끼고 스타일닷컴에 실릴지도 모르는 사진을 찍는다.

사실 화려한 라이프스타일을 가진 이 상상의 주인공은 패션잡지에서 일하는 멕시코계 어시스턴트의 이야기를 그린 미국 드라마 〈어글리 베티〉의 베티 수와레즈의 형편없는 패션 감각만큼 허망한 존재였다.

내 나이 열일곱 살 때 꿈은 세계 최고의 멋쟁이가 되는 것이었다. 슈퍼맨이 되고 싶다는 것과 동급의 꿈에 사로잡힌 십대 소녀는 영민하게도 분별력은 있었으니, 매체에 오르락내리락할 만큼 유명세가 있어야만 멋쟁이 소리를 들을 수 있고 트렌드를 리드해 나가는 사람이 되는 것이라고 판단했다. 하지만 예외적으로 모든 걸 갖추지 않아도 멋쟁이가 되는 방법이 있었다. 바로 트렌드를 읽어내는 유명한 패션 기자가 되는 것.

이십대에 방향을 잘 잡아야 한다고 온갖 '이십대에 해야 할 일 00가지'의 책들은 말한다. 나 또한 그 중요성을 간과하지 않았고, 오랫동안 소망했던 잡지 세계에 발을 담글 수 있는 일은 뭐든지 할 준비가 되어 있었다.

패션 저널리즘의 세계에는 두 종류의 기자가 있다. 잡지 분야에서 불리는 패션 에디터는 말 그대로 패션과 관련된 소식을 다루는 편집자다. 패션 에디터가 하는 일은 가장 세련되고 멋진 뉴 아이템을 수집해 지면에 멋진 비주얼로 포장해서 싣는 일이다. 에디터의 능력은 완성도 높은 화보이고 그것이 패션잡지의 생명이다. 유명한 패션 에디터로는 〈보그〉의 안나 윈투어, 〈보그 파리〉의 카린 로이펠드, 〈바자〉의 다이애나 브릴랜드, 리즈 틸버리스의 이름 정도가 잘 알려져 있다.

패션 기자는 〈WWD〉와 같은 패션신문이나 프랑스의 〈피가로〉, 혹은 〈인터내셔널 헤럴드 트리뷴(IHT)〉의 패션란을 담당한다.

대중들에게 가장 익숙한 패션 전문기자의 이름은 영화로도 제작된 칙릿인 《악마는 프라다를 입는다》의 실존 모델인 〈보그〉의 안나 윈투어일 것이다. 뱅이 있는 보브 헤어에 선글라스를 끼고 마놀로 블라닉의 하이힐을 신는 그녀는 항상 그레이스 코딩턴(보그의 크리에이티브 디렉터로 헬무트 뉴튼과의 작업 등으로 유명하며 감각적인 화보를 많이 찍는다. '어메이징 그레이스'란 별명이 붙을 정도)과 앙드레 리옹 탈리라는 인상적인 거구의 흑인 패션 에디터와 함께 프런트 로를 지킨다.

《악마는 프라다를 입는다》라는 책의 존재도 몰랐던 대학 시절에 난 잡지의 한 귀퉁이를 장식할 수 있는 일이라면 뭐든지 했다. '내가 원하는 방을 그려주세요!'란 코너에 응모하기 위해 3일 동안 일러스트레이터로 작업한 작품이 3×4센티미터 정도의 크기로 〈보그걸〉에 실리기도 했다. 컨버스 운동화를 소재로 한 사진 공모전에도 출품했는데, 동물원에서 사람들의 시선과 꽃샘추위에 친구들을 혹사시키며 강행한 촬영은 '똑딱이' 디지털카메라로 찍은 것 치고는 다행히도 장려상 정도는 받았다. 돌이켜 생각해 보면 패션 에디터란 직업 그 자체에 완전히 사로잡혀 있던 시기였다.

서울컬렉션에 취재 가게 되었을 때는 정말 꿈이 실현된 기분이기도 했다. 당시 나는 한 패션신문에서 학생기자 일을 하고 있었는데, 스타일리시하게 차려입고 프레스 중을 목에 건 순간 자리가 사람을 만든다는 말을 실감했다. 별도로 티켓을 끊고 쪼그려 앉아서 입장 시간을 기다릴 필요도 없이 VIP로 먼저 입장할 수 있었다. 심지어 인기가 별로 없는 쇼에서는 프런트 로에 앉았고, 발표되는 옷에 별점을 매겨가며 학교에서 배운 것처럼 콘셉트, 실루엣, 색상, 소재, 디테일을 포함한 전체적인 분위기와 시장성 유무를 분석하는 전문가처럼 행동했다. 표정은 진지하고도 무심하게 유지하면서.

매끈하게 빠진 스틸레토힐을 신고, 편하지만 스타일이 좋은 청바지에 가죽재킷을 걸친 나는 꽤 근사해 보였다. 하지만 미스지(지춘희) 컬렉션처럼 다소 인기 있는 쇼에 갔을 때는 난 그저 지망생뿐임을 뼈저리게 느꼈다. 내가 가진 건 단지 프레스 중이었을 뿐 정말 디자이너와 친분이 있어 VIP석에 앉을 수도, 애프터 파티에 초대받을 수도 없었으니까. 사람들에게 계속 떠밀려 스탠딩 상태로 견뎌야 했을 때, 하루 종일 발을 짓누르던 하이힐로는 무리였다.

이상하게 들린다는 건 알겠지만,
**난 내 삶의 특별함**을 부여하기 위해 구두를 신곤 해요.

It may sound odd, but I tend to identify the
events in my life by the shoes I wore at the time.
– 찰라 로혼Charla Lawhon(《인스타일》 편집장)

망상에 자주 빠지지만 다소 현실적인 사람이었기에 퉁퉁 부은 발을 하이힐에서 빼내어 준비해 온 보조 슈즈인 편안한 로퍼로 갈아 신는 순간, 마법이 풀리는 신데렐라의 12시가 된 기분이었다. 한 잡지기사에서 어떤 기자가 보고 싶었던 파리 디자이너의 쇼에 자리가 없어 스탠딩으로 봤을 때, 플랫폼 슈즈가 키를 높여주어 쇼 관람에 유용했다는 이야기가 생각났다. 그 순간 프런트 로에서 하이힐을 신는 것은 일종의 자존심 문제가 아닌 그런 실용성이 포함되어 있는지도 모른다는 생각이 들었다.

대학에서 마지막 학기를 남겨두었을 때, 〈조선일보〉에서 잠깐 인턴 일을 했다. 미술담당 기자인 사수가 내게 앞으로 무엇이 하고 싶냐 물었다. 난 〈보그〉에 들어가는 게 꿈이라고 떠벌릴 만큼 그 매체에 맹목적이었건만 그는 나의 진지한 대답에 웃음을 터트리며, "한국은 시시하지 않니? 미국으로 가봐. 생각이 바뀔 거야"라고 말해 주었다. 그리고 결말은 조금 약하지만 읽어보라며 《악마는 프라다를 입는다》 원서를 건네주었다. 지금도 그 책은 돌려주지 못한 채 책꽂이에 꽂혀져 있다. 짧은 대화와 책 한 권은 오랜 꿈에 대한 믿음을 흔들리게 하기에 충분했고, 그 시절을 회상할 때마다 실현되지 못한 오랜 꿈에 씁쓸해졌다. 우물 안의 개구리가 세상에는 하나의 별만이 존재한다는 믿음을 갖고 살았으니 당연한 결과였다.

패션잡지는 철저하게 잘 포장된 이미지만을 넣는다. 모든 건 과장되어 있고 모두가 꿈꾸는 것을 연출한다. 일개 학생에 불과했던 내가 멋진 스틸레토힐을 신고 프런트 로에서 전문가 흉내를 낸 것처럼. 현직에 있는 패션 에디터들은 자신들의 직업에 겉보기만큼 화려하지 않다고 말한다. 매달 마감을 하느라 약을 달고 살고, 책상에는 홍보사에 반납할 물건들로 쌓인다고 입을 모아 말한다. 하루 종일 스틸레토를 신고 뽐내기에는 체력적인 한계가 있어 편안한 보조 슈즈로 갈아 신어야 했던 것처럼 꿈을 꿀 때는 그 이면에 어떤 것이 있는지 곧잘 망각하고는 한다.

리즈 틸버리스가 쓴《리즈 틸버리스가 만난 패션천재들》은 패션 에디터의 시작과 끝을 한 편의 드라마처럼 소개한다. 〈보그〉의 어시스턴트로 일을 시작해 40세에 첫 편집장 직을 맡았고, 미국의 〈하퍼스바자〉의 편집장으로 일할 때 난소암에 걸려 생을 마감한 리즈 틸버리스는 〈보그〉의 안나 윈투어와 경쟁 관계로 유명했다.

리즈는 〈보그〉에서 어시스턴트로 있을 때, 함께 일하던 처칠의 손녀보다 승진에서 뒤처지기도 해서 빠른 성공을 위해 좋은 가문과 인맥이 필요했다고 말한다. 하시만 그에 아랑곳하지 않고 언제 입을 다물고, 언제 미소를 지으며, 어떻게 다림질을 잘 할 수 있는지 알았을 때 결국 사람들은 그녀를 필요로 했다. 죽을 만큼 노력했고, 동료들의 질투를 한 몸에 받았지만 드디어 판권에 이름을 올릴 수 있는 에디터가 되었다. 리즈 틸버리스는 좋은 패션 기자의 자질로 다른 사람들의 패션 감각을 음미하고 정확히 판단하는 능력을 꼽았다. 그리고 그들의 스타일을 빨아들이는 스펀지가 되어야 한다는 것도.

패션의 매력은 화려함에 있다. 셀러브리티가 되지 않아도 그 곁에서 비슷한 라이프스타일을 영위할 수는 있다. 게다가 유명한 에디터(판매 부수를 팍팍 늘릴 수 있는 섭외의 일인자이자 '완판'의 달인)가 되면 어시스턴트를 부리며 스타벅스에서 커피 사 오기와 세탁소에 옷 맡기기와 같은 개인적인 업무까지도 모두 시킬 수 있는 무소불위의 권력을 휘두를지도 모른다. 그런데 중요한 것은 《악마는 프라다를 입는다》의 앤드리아가 어시스턴트 상태에서 그만둔 것처럼 과연 에디터가 될 때까지 모든 어려움을 견딜 수 있느냐의 문제다.

# 진짜
# 프라다를 신다!

어시스턴트 ; assistant 1. 조수, 보조자, 보좌인;《영》점원(=shop assistant) 2. 보좌하는 것, 보조물, 보조 수단 3. (대학의) 조교

FD ; Floor Director, 무대감독 ; 무대를 창조하는 연출자를 도와 연출자의 의도를 무대에서 실현하기 위해 예술 · 기술 · 실무 등 모든 면에서 실제적인 관리와 연락을 책임진 사람.

인턴사원 ; intern [명사] 회사에 정식으로 채용되지 아니한 채 실습 과정을 밟는 사원.

패션잡지 관련 구인란에서 정식 기자를 뽑는다는 광고보다는 이렇게 보조자를 뽑는 광고를 보게 되는 경우가 더 흔하다. 정기자는 보통 알음알음으로 구하는 특채인 경우가 많기 때문에 공채로 패션 에디터가 되기란 낙타가 바늘구멍 통과하는 정도의 경쟁률을 보이고는 한

다. 덧붙여 정식 기자가 된다는 보장은 희미하지만, 잡지가 어떤 시스템으로 돌아가는지 알고 싶어서 어시스턴트에 도전하는 사람 또한 많다.

내가 갓 사회에 나와서 실수했다고 생각하는 것은 특정 매체의 어시스턴트가 되지 않고, 여러 잡지일을 하는 프리랜서 밑에 들어간 것이었다. 물론 다양한 잡지를 경험할 수 있었고 스타일리스트를 생각하고 있었다면 결코 나쁘지 않은 조건이었을 테지만, 현실적으로 기자들과 돈독한 정을 쌓아 내 얼굴 하나 각인시키기에는 오랜 시간이 걸릴 일이었다. 처음부터 나는 오랫동안 견딜 수 없을 거라는 생각을 했다. 즉, 난 미필적 고의를 갖고 일을 시작한 부끄러운 짓을 했다.

어시스턴트는 불확실한 명령 속에서 늘 고성능 안테나를 작동시키는 것이라고 했던 리즈 틸버리스의 말은 확실히 맞았다. 촬영을 제대로 구경하는 것은 결코 어시스턴트의 몫이 아니었고, 늘 뒤에서 열심히 반납해야 할 촬영 소품을 챙기고 빠릿빠릿하게 움직여 일을 했으니까.

처음 패션 월드에 발을 들여놓았던 여름. 나는 얼마 전에 샀던 빈티지 분위기의 파란 굽을 가진 화이트 펌프스를 신었다. 굽도 높지 않았고 어떤 옷에 매치해도 잘 어울려 즐겨 신었던 신발이었다. 하지만 압구정동과 청담동에 밀집한 홍보 에이전시와 해외 명품 브랜드의 본사

에 자주 들락거리면서 옷을 픽업하고, 수없이 전화를 해대며 버스 편
도 애매하게 편성된 부자 동네를 수시로 걸어 다니기에는 적절하지
않은 신발이었다. 그 당시 매우 더운 여름에 엄청난 옷짐을 당나귀처
럼 짊어지고 돌아다니는 어시스턴트들 중 꽤 많은 이가 편한 스니커
즈를 신고 있었던 것을 나중에 알았다. 초심자의 실수라 했던가? 난
패션 쪽 일을 한다는 자만에 너무 멋을 부렸다.

　첫 촬영 때, 폭우가 쏟아졌다. 갤러리아 백화점에서 마르니의 값비
싼 퍼 볼레로(당시는 F/W 시즌의 촬영이 한창이었다)를 픽업해 나오면
서 혹시나 쇼핑백이 젖어서 약 1천만 원 정도 하는 옷이 상할까봐 우
산을 쇼핑백 쪽으로 들고 내가 비를 맞았다. 만약 그걸 물어줘야 하는
상황을 생각만 해도 정신이 아득해졌으니까. 그 덕분에 내 가죽 소재
신발도 비를 쫄딱 맞았다. 촬영 중간에 픽업을 왜 그렇게 많이 다녔는
지 첫날 신고식을 호되게 치른 것에 맞추어 내 화이트 펌프스 한 짝은
손 쓸 수 없을 만큼 망가져버렸다. 그날 난 망가진 신발을 부여잡고
목 놓아 울었다. 낯선 세계에서의 두려움과 잃어버린 신발 한 짝에 대
한 애도로.

　그 뒤로 내게 예쁜 구두보다는 옅은 아이보리 컬러의 컨버스 하이
스니커즈가 어시스턴트용 신발이 되었다. 〈틴보그〉의 한 인턴은 웃는
얼굴로 "옷과 소품을 담은 트렁크가 무척 무겁고 다루기 어렵지만, 불

편하더라도 예쁜 하이힐을 신는 것이 더 좋다"고 했다지만, 나는 그렇지 않았다. 내 일에는 운동화가 더 어울렸다.

자세히 묻지 않아도 홍보사의 위치를 알 수 있고, 연이어 퀵 서비스를 부르는 게 능하며, 수다를 떨지 않고 입 다문 채 다림질을 하고 물건을 챙기게 되었을 때, 또 연예인을 보고 예쁘다, 멋지다 같은 감탄이 나오지 않게 되고, 다만 매장에서 협찬 받은 옷을 조심히 입어주기만을 간절히 바랄 때 어시스턴트로 적응이 되어간다고 믿었다.

"저 S 스타일리스트 어시스턴트인데요, 〈보그〉 촬영 때문에 이게 꼭 필요해요."

한 홍보 대행사에서 어떤 어시스턴트가 유명한 스타일리스트의 이름을 대며 목청을 높였다. 보통 모든 잡지의 마감기간이 비슷하기 때문에 누구나 탐내는 아이템은 이미 예약이 된 상태가 많다. 그래서 퀵 서비스로 받고는 하는데, 그 유명 매체와 유명인 스타일리스트의 어시스턴트는 나처럼 소심한 사람이 아니었다. 한마디로 거만한 말투로 당당히 원하는 것을 요구했다. 이게 패션계의 권력인가라는 의문이 들 정도였다. 나도 알고 있던 그 스타일리스트는 꽤나 성질 있다는 말을 익히 들었다. 하지만 성공한 위치에 있을수록 그 사람은 철두철미한 완벽주의자이고 그 성격마저 프로의식의 표현이라고 생각되기 마련이다.

힘겨운 촬영 와중에도 가장 즐거운 순간은 예쁜 신발을 빌려왔을 때이다. 당시에는 가보시힐이나 플랫폼 메리제인이 대세였고, 클로에나 프라다에서 빌려온 신발들이 특히 독특했다. 난 촬영 소품을 챙기면서 그 샘플 신발들을 몰래 신어보고는 했다. 어시스턴트 일을 하면서 느낀 유일한 즐거움이 바로 그것이었다. 예쁘고 엄두도 못 낼 만큼 최신 디자인의 비싼 신발을 몰래 마음껏 신어볼 수 있다는 것(물론 매장에서 빌려온 것은 한 번도 신어본 적이 없다. 판매용이라서 흠집이 생기면 곤란하다).

어시스턴트의 급여란 차비 정도였고 엄청난 휴대전화 요금마저 개인이 알아서 해결해야 했다. 갓 독립한 사회인이 온라인에 기고하는 패션 칼럼의 얼마 안 되는 페이로 살아가기란 너무 벅찬 일이다. 홍보 에이전시에서 시즌이 끝난 패션 아이템을 프레스 세일, 샘플 세일이란 말로 엄청난 할인 폭에 판매하고는 했는데, 예쁜 물건을 보면 열광하는 나인데도 그것들을 살 여유가 없었으니 삶에 환멸마저 느껴지고는 했다.

그러니 〈악마는 프라다를 입는다〉의 앤드리아처럼 명품 옷을 많이 얻었다가 그걸 팔아 한 재산 챙긴다는 것은 국내에서 전혀 해당사항 없는 일이다. 어시스턴트를 한다 해서 멋지게 차려입고 다닐 수 있는 것도 절대 아니다.

더 이상 컨버스 운동화를 신는 것이 힘들어졌을 때, 꿈을 담보로 현실을 희생하기에는 초라한 내 자신에게 확신이 들지 않았다. 물론 고가의 명품들을 다루면서 분실과 손실에 대한 스트레스가 컸다는 것도 인정한다. 오만한 사람들은 있었지만 친절한 사람들도 많았고, 스타일이 좋고 유행을 리드하는 사람들 사이에 끼어 있다는 것은 정말 행복한 일이었지만, 그토록 열망했던 것을 포기하기로 했다. 처음부터 오래하지 않을 것을 알고 시작했고 난 단지 그 일을 경험해 보고 싶었을 뿐이라는 진실을 인정하기로 했다.

"그건 환상이 아니라 상상이야."

일을 그만두던 날 이 말을 들었다. 패션계는 정말 상상으로 만들어진 곳일까? 어쩌면 완벽하게 경험해 보지 못한 이에게 이곳은 상상의 영역일지도 모르겠다. 이매진imagine인가 어메이징amazing인가는 경험의 정도에 따라 다를 것이다. 웬만한 근성이 없고서야 견디지 못할 곳임은 분명한 사실이지만.

그 뒤로 압구정동 주변에서 일을 하며 점점 사회생활에 익숙해지자 어시스턴트로 지냈던 시간들이 한여름 밤의 꿈처럼 느껴졌다. 멋진 신발을 신을 만한 여유가 생기면 뭐 하나, 정말 내가 원하는 일이 이것인가라는 생각과 함께. 차라리 잡지사의 어시스턴트로 들어갔으면 어쩌면 가능성이 있었을지도 모르겠다는 후회가 밀려오기도 했다. 하지만 지인이 유명한 잡지에 어시스턴트로 들어가 2년째 일해도 결국 정기자가 되지 못한 채 나왔다는 소리를 듣고 쓸쓸한 웃음을 머금을 수밖에 없었다.

　기회는 준비된 사람에게 언젠가는 오게 될 것이다. 비단 패션계뿐만이 아니라 모든 분야의 비정규직과 인턴들은 꿈을 담보로 오늘도 일한다. 고급 뷰티살롱의 스태프들이 고된 일과 긴 근무시간에 비해 얼마나 적은 급여를 받고 있는지도 잘 안다. 그래도 그들은 서비스 정신으로 무장한 채 즐거이 고객들을 대한다. 모든 걸 포기하고 꿈을 위해 살아갈 수 있는 열정이 있다면 못할 것은 없다. 하지만 현실과 상상 속에서 균형은 맞춰야 한다.

　이십대, 제2의 사춘기에 겪은 성장통으로 나는 사람은 꿈으로 살아가지만 밥을 먹어야 꿈도 꿀 수 있다는 불편한 진실을 애써 외면하고 싶었던 모양이다.

# 3
## 마크 제이콥스를
## 내게 달라

내 눈앞의 광경을 믿을 수 없다. 바로 코앞에서, 아직 국내에 상륙도 안 했을 것이 분명한 마크 제이콥스의 그 메리제인 슈즈―앞코와 굽은 블랙, 나머지는 반짝이는 실버 컬러인―를 보리라고는 생각지도 못했다. 믿기지 않은 듯 두 눈을 연속 깜빡거리며 무엇에 홀린 듯 계속 그 여자의 걸음을 쫓아간다. 그리고 갑자기 그 여자의 팔을 냅다 끌고 으슥한 골목으로 들어가서 무서운 표정으로 "당신 신발! 그거 7 사이즈 같은데 한 번만 신어볼게요. 당신만 마크 신으라는 법 있어?"라고 다 그친다. 그럼 그 여자는 어이없다는 듯이 신발을 벗어줄지도 모른다.

세상에! 상상이지만 정말 정신 나간 짓이다. 때로는 신발 하나가 이렇게 이성을 마비시킨다. 그나저나 어디에서 그 신발을 구했단 말인가? 아마 방법은 둘 중 하나일 것이다. 뉴욕의 마크 제이콥스 매장에서 냉큼 사왔거나, 해외 쇼핑 사이트에서 건져 올렸거나.

새로운 슈즈 정보를 얻으려면 국내 패션잡지보다 더 빠른 해외 패션 사이트로 가면 된다. 나는 스타일닷컴(www.style.com)이라는 사이트에서 주로 정보를 얻는데, 디자이너의 컬렉션부터 트렌드 정보까지 모두 다 나와 있다. 특히 컬렉션 사진의 디테일 샷에는 신발을 클로즈업해서 찍어놓은 사진들이 넘쳐나 그중 내가 좋아하는 마크 제이콥스, 프라다, 미우미우, 클로에 등에서 마음에 드는 디자인을 고르기만 한다. 엘르닷컴(www.elle.com)은 스타일닷컴과 구성은 비슷한데 때때로 스타일닷컴에서 소개하지 않은 디자이너의 컬렉션이나 정보를 알려준다. 걸리시한 취향을 가지고 있는 나는 사랑스러운 화보와 귀여운 틴의 스타일을 참고하고 싶을 때는 틴보그닷컴(www.teenvogue.com)으로 간다.

신고 싶은 스타일과 원하는 아이템을 찾았다면, 손에 넣는 방법도 당연히 알아야 하는 법. 국내에 아직 유통되지 않는 디자이너 슈즈를 구하러 꼭 해외로 나갈 필요는 없다. 해외 구매 대행 사이트와 개인적으로 물건을 구매 대행해 주는 사람들이 인터넷 곳곳에 넘치니 말이다. 해외 구매 대행 사이트 중에서 가장 알려지고 다양한 브랜드와 상품을 확보해 놓은 위즈위드(www.wizwid.co.kr)나, 명품 중고 사이트로 알려졌지만 종종 패션 도시(런던, 파리, 밀라노, 뉴욕)로 유학 간 사람들이 새 상품을 현지 가격으로 파는 경우가 많은 필웨이(www.feelway.com)가 내가 가장 즐겨 찾는 곳이다. 해외 사이트로는 네타포르테(www.net-a-porter.com)나 니만마커스(http://www.neimanmarcus.com)와 같은 곳에서 시즌오프 세일 때를 이용해 디자이너 슈즈를 국내 가격보다 저렴하게 살 수 있다. 해외 사이트라 배송과 결제가 어렵게 느껴진다면, 구매 대행해 주는 인터넷 카페가 있으니 일정 수수료를 지불하고 구매하는 것도 스트레스 안 받고 쇼핑하는 지혜다.

물론 해외 쇼핑에는 단점이 많다. 교환과 환불이 거의 불가능하고, 구매 취소시에도 수수료를 내야 한다. 그리고 비행기로 날아오기 때문에 넉넉 잡아 보름 정도의 시간을 참고 기다려야 한다. 그래서 무엇보다 주의해야 할 것은 사이즈. 옷도 그렇지만, 슈즈의 경우 사이즈가 무척이나 중요해서 직접 매장에서 신어보고 사는 것이 가장 좋은데 그럴 수 없는 인터넷 쇼핑의 경우라면 상세 설명을 잘 읽어보고 자신의 사이즈를 모두 알아두는 것이 좋다.

한국 사이즈 240밀리인 경우, 미국(US) 사이즈는 7, 이탈리아(IT)를 포함한 유럽 사이즈는 37로 표기된다. 이를 기준으로 235와 같이 5단위로 끝나는 것은 6½로 표기되니 가감하면 자신의 사이즈를 알 수 있다. 만약 구두에 볼(발의 폭)의 사이즈가 표기되어 있다면, 꼭 눈여겨

봐야 한다. N < M < W 일 경우, M 볼이 중간 볼, AA < A < B < C < D 로 표기된 경우 B, C가 중간 볼인데, 내 경험에 의하면 볼의 넓이가 D 볼 235인 경우, 245사이즈인 사람도 신을 수 있다. 사이즈는 제조사마다 조금씩 다르니 꼼꼼하게 살펴봐야 하는데, 우리 같은 쇼퍼들을 위해 글로벌 시대에 가장 먼저 도량형 통일부터 하면 좋겠다.

직접 신어봐야지만 직성이 풀린다면, 해외로 나갈 수밖에 없다. 나의 첫 여행은 디오르로 차려입고 루이비통 트렁크를 들고 푸들을 안고 갈 법한 우아한 도시 파리를 꿈꿨건만, 어찌된 일인지 폴로진 청바지에 어그 부츠를 신고 몸을 구부리면 나도 들어갈 만큼 무척 큰 샘소나이트 트렁크에 온갖 옷(도대체 내가 그날 뭘 입고 싶어지게 될지는 나도 모르니까)과 여섯 켤레의 슈즈를 담고 봉사활동이란 명목하에 태국 방콕에 3주간 다녀온 것이다. 25킬로그램의 트렁크와 핸드캐리는 실로 엄청났다.

해외여행 전에 꼭 들르게 되는 면세점은 가장 이상적인 쇼핑 플레이스 중 하나이다. 면세 혜택을 받아 저렴하게 살 수 있으니까. 면세점 제휴 신용카드나 VIP 할인 카드 등을 발급받으면 최고 15퍼센트까지 추가 할인을 받을 수 있으니 잊지 말고 쇼핑 전에 챙겨야 한다. 루이비통, 샤넬과 같이 인기 좋은 명품 브랜드는 할인 혜택이 전혀 없으며 세일도 없다. 그러나 마크 제이콥스 신발이나 크리스찬 라크르와 같은 디자이너 슈즈는 세일을 한다. 그러니 눈여겨 놓은 구두가 있다면 시내 면세점에서 세일할 때 미리 사두고(환율이 떨어진 날 가는 것도 유용하다) 출국 당일에 찾는 것이 이상적이다. 한국 면세점의 규모는 세계 순위권이니 쇼핑몰이 발달하지 않은 특히 작은 나라로 여행을 갈 경우 해외에서 사야지라는 안일한 생각은 버리는 것이 좋다.

예를 들면 방콕에서도 시암이라는 곳이 소위 말해 시내인데, 면세 혜택이 있는 쇼핑센터가 많다. 일단 상대적으로 저렴한 물가여서 한국 돈으로 3,000원 정도에 PVC 소재의 화이트 샌들을 살 수 있는 곳이지만 가격만큼 품질은 떨어진다. 만약 재미로 하는 쇼핑이 아니라 제대로 된 물건을 사고 싶다면, 해외 수입제품의 경우 한국과 크게 차이가 날 만큼 저렴한 가격은 아니니 A/S 여부를 고려해(구두는 A/S 받을 일이 많으니까) 물건을 골라야 한다.

더운 나라에서 쇼핑할 때 중요한 것은 편한 신발을 신으라는 것이다. 방콕 여행 첫날 시장에서 샀던 그 3,000원짜리 화이트 샌들에 빠진 나는 7센티미터 굽의 힐을 신고 직사광선을 피하지 않고 너무 걷다가 현기증이 나서 고생했다. 가진 돈 전부를 환전하고 신나게 쇼핑을 하고자 했건만 질병 앞에서는 장사가 아니었다. 결국 편한 뮬을 사서 신고 맥도날드에 엎드려 있었는데, 아픈 와중에서도 나인웨스트의 블랙 컬러 오픈 토 뱀피 스틸레토밖에 생각이 안 나 스스로 단단히 미쳤다고 생각했다.

그 뒤로 신발 두 컬레를 더 사자 편의점에서 끼니를 연명할 만큼 가난해졌고, 커다란 트렁크에는 쇼핑백이 들어갈 자리도 없었다. 싸다고 마구 사들인 결과였다. 이때의 경험을 바탕으로 해외여행할 때 몇 가지 원칙을 만들었다.

트렁크는 채워가지 말고 꼭 여유 공간을 남길 것(현지에서 쇼핑한 물건을 담아야 하니까). 몸이 피곤해질 때를 대비해 여분의 플랫 슈즈를 준비해 쇼핑갈 것. 마지막으로 신발은 호텔 바에서 만다린계 리큐르를 즐길 때 신을 하이힐, 고급스러운 분위기의 쇼핑센터에서 신을 플랫 슈즈, 가볍게 신고 카오산 로드와 같은 번화한 거리에서 3,000원짜리 비키니를 살 때 신을 플립플롭만 각 한 종류씩 챙겨가자는 것이다. 다른 신발은 현지에서 사서 신는 게 더 재미있으니까.

# 4

## 신발은
## 감가상각 자산

"가방은 오래될수록 멋스럽게 닳아서 더 값어치 있는 거 같아. 그래서 비싼 명품 백을 사람들이 사는 거 아니겠어?"

"신발은 비싼 것을 사면 좀 아까운 거 같아. 더러운 땅에 계속 닿으니까 쉽게 더러워지고, 금방 늘어나고. 재산으로 치자면 가방을 제대로 된 것을 사는 것이 훨씬 좋지!"

가방을 흔히 여자의 작은 방이라고 한다. 저마다 어떤 소지품을 넣어 다니는지 구경하는 재미가 방 인테리어 보는 것과 비슷한 감흥을 일으키니까. 그럼 신발은 여자의 무엇인가. 백 홀릭들이 말하는 것처럼 시간이 지날수록 그 가치가 감소하는 감가상각 자산에 불과한 것일까? 가방 역시 제 값어치를 하려면 잘 관리된 상태에서 닳아야 하는 것이지만, 특히 신발은 관리가 잘 되지 않으면 1년도 지나지 않아 10년은 넘어 보이는 상태가 되기도 한다.

신발은 걸을 때의 직접적인 마찰로 쉽게 닳고, 인체에서 분비된 땀으로 얼룩질 확률이 높으며, 조금만 잘못하면 스크래치가 생기고, 바닥도 껌과 같은 오염으로 얼룩질 가능성이 훨씬 더 높다.

두 해 전, 랄프로렌 블랙라벨 론칭 쇼에 갔을 때였다. 국내의 톱 연예인들이 많이 찾았는데 그들 중에서도 월드스타 '비'가 왔을 때가 하이라이트였다. 평소 연예인에 심드렁하는 기자들도 열광하는 남자 연예인이 다니엘 헤니와 비라고 하더니 정말 그의 인기는 대단했다. 나 또한 연예인 좋아하던 십대 시절이 있었기에 비를 조금이라도 자세히 보려고 사진기자들 틈으로 앞서 나갔는데 그만 굽이 바닥에 끼인 사태에 처했다. 슬링백을 신었는데 급하게 무리해서 구두를 빼려다가 슬링과 앞부분이 이어진 곳이 찢어져버렸다! 사람들의 환호성 속에서 나의 새된 비명은 묻혀버렸고, 선글라스를 쓴 비의 얼굴이 이 크로커무늬의 슬링백 슈즈보다 값어치 있냐며 한탄할 수밖에 없었다.

A/S도 불가능하게 찢어져버린 슈즈는 당연히 쓰레기통으로 직통. 평소 덜렁거리는 태도가 얼마나 많은 신발을 쓰레기로 만들었나 생각하면 분통 터질 노릇이다. 다양한 경로로 손에 넣은 것처럼 다양한 디자인과 소재를 갖고 있는 신발들. 특히 관리하는 법은 어떤 소재를 썼

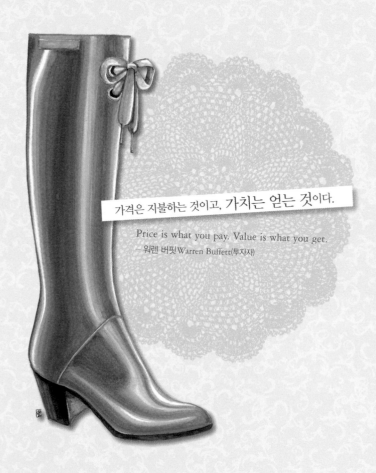

가격은 지불하는 것이고, 가치는 얻는 것이다.

Price is what you pay. Value is what you get.

— 워렌 버핏Warren Buffett(투자자)

느냐에 따라 달라진다.

거의 대부분의 신발이 소가죽이라고 보면 되는데, 겉으로는 악어, 뱀, 타조가죽 무늬여도 가격이 합리적이라면 모두 소가죽을 가공 처리한 것이라고 봐야 한다. 악어가죽은 상당한 고가이다. 그 밖에 소가죽의 표면을 일으켜 벨벳 감촉을 만들어낸 스웨이드와 어린 송아지가죽의 털을 살린 송치도 많이 쓰이는 소재 중 하나. 이 밖에도 에나멜은 소가죽 등에 유리처럼 반짝이도록 가공한 것인데, 생후 6개월이 안 된 송아지가죽과 같은 고품격 가죽에 유리 광택을 부여한 것은 페이턴트라고 부른다.

모든 동물의 가죽이 신발의 소재로 쓰이지만 대체로 악어(크로커 croco), 비단뱀(파이톤python)과 같은 희소가치가 있는 파충류가 비싸다. 가축류로 소가죽(흔하기 때문에 그냥 레더leather로 불린다)은 송아지가죽(카프calf)이 부드러워 고급에 속한다. 양가죽은 가볍고 부드러워서 의복용이나 장갑 등에 자주 쓰이지만, 신발에도 사용된다. 그러나 튼튼함은 다소 떨어져서 소가죽보다 훨씬 스크래치가 잘 생기고 잘 늘어나는 단점이 있다. 돈피pig skin의 경우 땀 흡수가 용이해 신발의 내피로 주로 활용된다. 이 밖에 실크나 합성섬유로 만든 새틴과 같은 패브릭도 사용되는 등 실로 소재에 대한 실험은 디자이너들의 소명과도 같아 무궁무진한 종류가 있다.

소재에 따라 관리 방법이며 사이즈까지 결정되므로 소재는 신발을 구입할 때 디자인 다음으로 고려되어야 할 중요한 요소다. 품질보증서 등에 무슨 가죽을 썼는지 명기되어 있으므로 소재 파악은 쉽게 할 수 있다. 부드러운 가죽(송아지, 양가죽)일수록 잘 늘어나므로 정사이즈를 신어야 하고, 페이턴트와 같이 가공된 신발은 단단해서 여간해서 쉽게 변형되지 않으니 발이 불편할 정도로 딱 맞는 것은 사지 않는 게 좋다.

대부분의 신발 재료인 가죽은 비에 약하다. 수분 때문에 딱딱해지고 뒤틀리면서 변형이 생기므로 비가 오는 날에는 되도록 가죽 소재의 신발을 신지 않는다. 신고 나갈 수 있는 신발이 한정된 비 오는 날이 우울하다면, 이를 대신하여 부드러운 고무인 젤리 러버jelly rubber 소재의 신발을 신으면 방수와 기분 전환에 효과적이다. 센스 있는 마크 제이콥스에서는 젤리 러버 소재 글래디에이터 샌들 디자인이나 레인부츠를 선보인다. 샤넬도 카멜리아 모티브로 젤리 러버 통 샌들을 출시하기도 하니 명품 선호족도 오케이 할 만하다.

사실 고급스러운 신발은 처음 신기 전에 보조 밑창을 달아야 할까라는 망설임을 갖게 된다. 특히 마놀로 블라닉처럼 스웨이드와 같이 부드러운 소재로 된 밑창을 가졌다면 더더욱. 하지만 대개 어느 정도 신은 다음에 수선하라는 것이 숍 매니저들의 견해이다. 그 이유는 새 신발에 밑창을 붙일 경우, 본드가 잘 붙도록 어느 정도 마찰을 가해야 하므로 차라리 적당히 온전한 상태를 즐기다가 스크래치가 난 바닥에 보조창을 붙이는 게 낫다는 것이다. 매장에서 구입한 것은 매장에 맡기고, 해외에서 사온 명품 구두인 경우 압구정동에 포진해 있는 명품 수선 전문점에 의뢰하면 된다.

같은 신발을 이틀 이상 신지 않는 것이 신발과 발 건강 모두에 좋다. 특수한 오염이나 흠을 입은 상황이 아니라면 일주일 동안 신었던 신발을 주말에 한 번 정도 마른 헝겊으로 가죽 표면의 먼지나 얼룩을 닦아주고 가죽 전용 로션으로 영양공급을 해주면, 가죽에서 빛이 나고 생기가 도는 것을 느낄 수 있다. 나는 가끔 화장품 샘플 중 안 쓰는 로션을 발라주기도 한다.

스웨이드나 송치 소재처럼 털이 살아 있는 것은 솔로 털어주고 결을 따라 살짝 빗질해 주면 깔끔해진다. 만약 스웨이드에 물 빠짐 현상이 일어났다면—전체가 한 가지 색상이라는 전제하에—주저 없이 염색을 맡기는 것이 좋다. 무늬가 있는 흰색 스웨이드 구두가 더러워졌다면 구두 수선 가게에 세탁을 맡길 수도 있지만, 의뢰해 본 결과 집에서 중성세제를 이용해 브러시로 살짝 빨아 그늘에 건조시켜도 무방하다고 한다. 에나멜 소재의 경우 물이 묻어도 괜찮은 유일한 가죽이므로 물 묻은 헝겊으로 닦은 후 다시 마른 헝겊으로 닦아주고, 패브릭의 경우 얼룩이 지면 골치 아파하지 말고 중성세제를 풀어놓은 물을 브러시에 묻혀 부드럽게 닦아준 다음 잘 행구어 그늘에 말린다.

이런 아주 기본적인 내용에 더해 좀더 특수한 상황에 요령껏 대처하는 법까지 알고 있으면 좋다. 새틴 슈즈와 같이 오염에 민감하고 잘 닦이지 않는 것은 오염이 묻은 즉시 대처해야 하는데, 다만 진짜 실크로 만들어진 새틴의 경우 물을 묻히면 얼룩이 커지므로 벤젠으로 처리해야 한다. 그러니 섣불리 손대지 말고 세탁소로 달려가 도움을 얻는 것이 좋다. 가죽의 스크래치는 어쩔 수 없이 받아들여야 한다. 하지만 조금이나마 완화시키는 법이 있다. 바로 아크릴 물감으로 터치하는 것. 색깔에 맞는 아크릴 물감으로 살짝 칠해주면 감쪽같고 물에도 지워지지 않는다.

무엇보다 가장 신경질이 나는 무적의 오염은 바로 껌. 밑창에 붙은 껌은 절대 마르기 전까지는 떨어지지 않으니 굳은 다음에 칼로 긁어낼 수밖에 없다. 문제는 하얀색의 에나멜 신발 옆에 찰싹 달라붙은 껌이 흔적을 남겼을 때다. 이럴 때는 얼음으로 문질러 딱딱하게 굳힌 뒤 조심스럽게 떼어낸다. 그래도 흔적이 남으면 아크릴 물감을 세팅한다 (광택까지 얻고 싶으면 투명 매니큐어도 준비한다).

신발 관리에서 가장 중요한 것은 개인의 부지런함이다. 난을 키우는 사람이 정성스럽게 헝겊으로 잎을 하나하나 닦아내는 것처럼 신발 관리에도 정성이 들어가야 한다. 어항의 물 갈아주듯 굽갈이를 하러 매장을 돌아다니고 수선 집에 찾아다니며(특히 힐의 보조굽은 면적이 좁아 금방 닳아버리므로 굽갈이를 하는 빈도수가 잦다), 마사지사에게 안마 받듯 늘어난 신발의 볼 부분을 조여주는 스트레칭도 시킨다. 나처럼 털털한 성격과 예쁘지 않은 발을 가진 탓에 1년에도 두 개 이상의 신발을 버리는 사람은 더더욱 애완견을 키우는 정성으로 관리해야 한다. 내 자산에서 상당 부분을 차지하는 슈즈의 감가상각비를 감소시키기 위해서라도.

# 5
## 슈걸의
## 모든 것

자신이 어떤 옷을 가졌는지 기억도 안 날 만큼 많은 옷과 신발을 갖고 있다면, 영화 〈클루리스〉의 자동화 시스템을 갖춘 드레스룸 정도는 있어야 할 것 같다. 오늘은 어떻게 입을지 매치해 보는 컴퓨터 프로그램도 있는 이 드레스룸의 소유자는 부유한 고등학생인 셰어(알리시아 실버스톤). 셰어는 노출이 심한 드레스를 입고 나왔을 때 변호사인 아버지가 "그게 다니?"라고 묻자 "어떻게 아셨죠, 아빠? 이거랑 세트인 재킷이 있어요"라고 대답하기도 하고, 의붓오빠 조시에 대한 사랑을 깨닫고 혼란스러워할 때조차 디오르의 쇼윈도를 지나치지 않고 자신에게 맞는 사이즈가 있는지 알아봐야겠다고 매장으로 들어가고는 한다. 이렇듯 쇼핑으로 스트레스를 푸는 타입이기에 당연한 결과로 옷이 차고 넘칠 수밖에 없다.

영화에서처럼 과장되지는 않더라도 생각해 보면 우리는 얼마나 많은 이유를 대가며 쇼핑을 하는가. 화이트데이 선물, 나에게 주는 생일 선물, 사랑에 빠진 기념……. 심지어 네가 맛있다고 말했다는 이유 하나만으로 '샐러드기념일'까지 만든다. 기념은 곧 쇼핑으로 이어지고, 쇼핑을 합리화시키는 만큼 넘쳐나는 물건들을 정리정돈할 기발한 방법은 늘 필요하기 마련이다.

고등학교를 졸업하면 부모 품을 떠나 독립하는 외국 아이들이 부러웠다. 솔직히 말하자면 간섭 없는 무한한 자유가 부러웠던 것이지만 내가 이십대가 되면 꼭 하고 싶은 일 중 하나가 바로 독립이었다. 영화 〈아멜리에〉의 주인공처럼 레드와 그린톤으로 꾸민 인테리어를 상상 못한 바는 아니었으나 처음으로 부모 품을 떠나 짐을 정리할 때, 내 앞에 산더미처럼 쌓여 있는 신발들의 제자리를 찾아주는 것이 급선무였다. 마치 아랍의 군주로 하렘이라도 차린 것처럼 나의 간택을 기다리는 어여쁜 구두들을 바라보고 있자면, 이중에 혹시나 내가 그동안 놓친 보물이 있지 않나 싶기도 했다. 다양한 신발들 중에는 실로 오랜만에 보는 것도 있고 너무 낡아서 보기 흉한 것도 함께 섞여 있다.

내가 처음 시도한 정리 방법은 많은 슈어홀릭들이 선택하는 슈즈 박스에 넣어서 보관하는 것이었다. 그래서 신발을 살 때 슈즈 박스를 챙기는 것은 필수. 일단 공간이 좁으면 슈즈 박스만 쌓아두어도 정리가 금방 되었다. 특히 슈즈 박스는 브랜드마다 개성이 있으니 더욱 근사했다. 페라가모는 레드, 에르메스는 오렌지, 구찌는 블랙, 미우미우는 핑크, 펜디는 옐로 등 잘 알려진 명품 브랜드는 대표하는 컬러로 박스를 만들기도 하며, 마놀로 블라닉은 화이트 박스에 쓰인 로고만으로도 충분히 마음을 사로잡는다. 국내 디자이너 슈즈인 수콤마보니는 구두 일러스트레이션이 그려진 박스 자체가 인테리어 효과를 톡톡히 줄 정도로 귀여우니 그 디자인만을 보고 신발을 살 생각이 들 정도다.

이렇게 준비된 슈즈 박스에 원하는 디자인을 재빨리 잘 찾을 수 있도록 슈즈를 폴라로이드 사진으로 찍어 붙여놓으면 편하다. 나는 사진을 붙여놓기도 하고 그림을 그려놓거나 잡지에서 찾은 같은 신발 사진을 오려서 붙여두기도 한다. 그러면 정말 찾기 쉽다. 나아가 하이힐, 플랫, 스니커즈 등 디자인별로 박스를 분리해 쌓아두면 금상첨화.

그런데 어느 순간 이 방법마저도 심드렁해졌다. 쌓아놓고 정리하기는 편한데, 신발을 한 번 신으려 할 때마다 박스를 들었다 놓았다 해야 했으니까. 모든 박스를 일일이 열어보는 것도 다시 정리하기 위해 맞는 박스를 찾는 것도 쉽지 않은 일이었다. 한눈에 정리할 수 있는 신발장을 갖고 싶다는 생각이 고개를 쳐들기 시작했다. 마치 구두 매장에서 쓱 훑어보기만 해도 무엇이 있는지 감을 잡을 수 있는 것처럼.

어느 날 패션잡지 〈하퍼스 바자〉의 부록 〈디스 이즈 스타일This is style〉에서 누구의 것인지는 모르겠지만, 벽면 전체가 선반으로 만들어져 있고 투명한 덮개가 있는 신발장을 발견했다. 빼곡히 정리되어 있던 신발들에 부러움의 탄성이 절로 나왔다. 심지어 그 앞에는 빨간 소파 위에 만화영화 〈바우와우〉에 출연했던 불테리어 종 강아지가 앉아 있는데, 어찌나 멋있어 보이던지!

내게는 책장 두 개를 구해서 신발장으로 용도 재변경하는 것이 가장 현실적으로 느껴졌다. 비슷한 컬러, 소재, 힐의 높이 등으로 구별해서 정리하고 제일 바닥에는 운동화를 켜켜이 넣어두니 한눈에 들어와 편리했다. 그로 인해 당장 어떤 신발 종류를 좋아하고 많이 가지고 있는지가 파악되었다. 수많은 펌프스 중에서 신을 것을 고를 때 훨씬 편하다는 장점이 있으니, 아메바처럼 번식하는 신발들을 이런 방법으로 정리하는 것이 가장 실용적이라 생각된다. 물론 앞으로 별도의 드레스룸을 마련해 신발장을 맞춰야겠다는 목표는 여전히 가지고 있다.

영화 〈분홍신〉이나 〈순애보〉의 주인공들은 슈즈를 보관한다기보다 전시해 놓았다고 보는 것이 맞을 정도로 신경을 쓴다. 특별 주문한 선반이나 나비장처럼 화려한 장 안에 조명을 달고 비즈까지 깔아놓았는데, 그곳에 정리된 신발들은 흙먼지 하나 스크래치 하나 없다. 소중한 조각품이라도 되는 듯 컬렉터의 눈길로 신발을 바라보기도 한다. 확

실히 신기 위함과 소유 그 자체만을 위한 것은 매우 다르게 정리되고 보관된다. 하지만 내게 슈즈는 패션을 위한 하나의 요소이자 자신감을 높여주는 하나의 도구일 뿐, 생각해 보니 특별히 감상용 신발은 사 본 적이 없다(굽이 너무 높아서 못 신고 다닐 경우 자연스럽게 감상용이 될 수밖에 없지만). 다만 사고 싶지만, 거의 슈즈계의 피카소 그림 값이라 사진으로만 감상하는 신발들은 매우 많다.

실제로 갖고 있는 신발들을 당연히 잘 정리해야 하지만, 정말 사고 싶어서 시름시름 앓을 정도의 신발이 있다면 사진이라도 언제든지 볼 수 있게 잘 보이는 곳에 두어야 정신건강에 이롭다. 상상만으로 자꾸 되새김질하면, 어느새 그 신발에 대해 미화된 생각으로 가득 차게 되 니까. 짝사랑이 늘 그렇듯 내게는 너무 완벽한 그대가 되면 곤란하다.

인터넷이 활발하지 않을 시절에는 그저 잡지에서 원하는 제품을 오려 노트에 붙이는 스크랩북이 하나의 방법이었다면, 요즘은 블로그나 미니홈피 운영이 늘어나면서 갖고 싶은 신발 사진을 올려놓거나 최근에 산 신발을 사진 찍어 업로드하는 사람들이 많다. 그리고 덧글로 확인되는 내 취향에 대한 사람들의 긍정적인 반응을 만끽하면, 그 호응도만큼 실제 구매로 이어지는 것이 비일비재하다. 그러니 위시리스트에 올려놓은 아이템을 공개하는 것은 곧 어떤 걸 사야 할지 골라달라는 말이 된다.

보통 개인의 스크랩북은 단순한 소유의 욕망을 표현하는 하나의 수단으로 오로지 자기만족 또는 희망사항에 머물 수 있지만, 일본만화 〈허니와 클로버〉에서 하구미가 예쁜 신발을 잡지에서 오려 붙여놓았을 때 모리타 선배가 우연히 그 스크랩북을 보고 신발을 사주었던 에피소드를 떠올려보면 딱히 생산성이 없는 것도 아니다. 즉, 온라인과 오프라인을 떠나서 스크랩북의 효과는 받고 싶은 선물로 이어질 가능성이 있다. 다만 나처럼 너무 방대한 양을 노출시키면 상대가 어떤 걸 사줘야 하는지 헷갈릴 수 있으니 하나의 아이템만 밀고 나가는 처세도 필요하다. 적당한 미사여구도 곁들여주면, 혹시 어느 날 갑자기 퀵서비스로 배달될지도 모르지 않나.

물론 그저 컴퓨터 바탕화면에 원하는 신발 사진을 깔아놓고 수시로 보는 방법 자체도 나쁘지 않다. 노트북을 열 때마다 질릴 정도로 그 사진을 보면, 어느 순간 내가 진짜 갖고 싶었던 것은 이것이 아닐지도 모른다는 생각이 들 수도 있다. 거꾸로 그 신발에 완전히 빠져버리면, 그건 또 어찌하겠는가! 그 순간 허리띠를 졸라매고 호의호식할 생각은 버리고 발에 호강이나 시켜주기로 결심하는 편이 '인샬라(신의 뜻)'다.

## 6
# 인터뷰의
# 딜레마에 빠지다

슈어홀릭은 하나의 트렌드처럼 등장했다. 〈섹스 앤 더 시티〉의 캐리 브래드쇼가 몰고 온 이 열풍은 세련된 라이프스타일과 유행을 추구하는 여자라면 으레 신발에 지대한 관심을 쏟는다는 믿음을 사람들 사이에 흩뿌렸다. SATC의 인기만큼 슈어홀릭이란 존재가 무엇인가에 사람들은 주목했고, 국내에서는 하나의 붐처럼 너도 나도 그동안 남몰래 모아온 구두들을 드러내놓고 자랑하기 시작한다. 물론 나도 포함해서.

온라인에서 슈즈에 대한 칼럼을 쓴지 어언 2년쯤 되었을까? 블로그를 통해서 나의 슈어홀릭 성향을 눈치챈 기자들은 나를 사람들이 관심을 가질 만한 아이템으로 분류하기 시작했다. 방송 작가부터 시작해 잡지 기자들은 나의 슈어홀릭으로서의 성향을 사람들에게 알리고 싶어 했는데, 나는 포토샵이 가능한 잡지 인터뷰가 더 좋았다.

사실 잡지에 실리는 것은 패션잡지를 처음 접했을 때부터 바라던 일 아닌가! 보통 유명하고 멋진 라이프스타일의 대변인만 기사화된다고 생각하지만, 사실 기삿거리가 될 만한 사람은 누구든 언제든지 실릴 수 있다. 나 또한 슈어홀릭이란 타이틀로 인해 내가 가진 신발들을 그러모아 보통 잡지사들의 사진 스튜디오가 밀집되어 있는 청담동으로 달려가는 일이 종종 생기고는 했다.

인터뷰에 응할 때마다 받는 질문은 늘 비슷했다. 인터뷰어들이 가장 궁금해하는 것은 과연 몇 켤레를 소유하고 있냐는 수치적인 것이었으니까. 생텍쥐페리의 《어린 왕자》에서처럼 어른들은 숫자에만 관심이 있고, 숫자로 사람을 평가한다는 것은 사실이었다.

이멜다 마르코스는 4,000켤레, 머라이어 캐리가 1,000여 켤레라고 하는데, 캐리 브래드쇼였던 사라 제시카 파커는 말해 무엇하랴. "그렇다면 본인은 과연 몇 켤레나 가지고 있죠?" "하이힐 종류 약 100여 켤레 정도. 나머지는 운동화나 플랫 슈즈를 몇 개 가지고 있는데, 사실 정확히 세어본 적이 없어요." 그러면 어색한 웃음이 흐른다. 못해도 몇 백 켤레는 있을 줄 알았는데 하는 듯이.

어떤 슈어홀릭은 하루에 신발만 세 켤레 이상을 샀더래요. 그것도 고가로. 한 달 월급을 신발에 다 썼다지 뭐예요. 그럼 보통 한 달에 구입하는 신발 개수는 어느 정도인가요? 전 한 달에 많아야 세 켤레 정도 사는데(조금 실망의 눈빛), 카드 청구서에는 늘 신발값만 갚으라고 난리에요(아, 꽤 고가의 슈즈만 사 모으는 모양이라고 이해하는 듯하다).

새 신발을 신고 등장할 때마다 사람들 반응은 어떻죠? 또 샀냐는 것 정도요. '돈 좀 모아서 다른 일을 해보는 게 어때'라는 말을 듣기도 하죠. 그래도 어설프게 충고를 하는 사람보다는 '대리만족을 느낀다' 부터 시작해, '너 정말 신발 좋아하는구나'라고 인정해 주는 분위기예요. 저도 요즘은 신발 사는 비용을 조금 줄이고 여행에 더 투자해 볼까 하는 생각도 들고요(아니야, 당신은 신발 외에는 아무것도 필요 없다고 해줘). 그런데 매번 모아놓은 돈을 신발 사는 데 써버려요(안도의 눈빛, 그럼 그렇지).

그저 신발을 왜 그렇게 감탄과 숭배의 눈빛으로 바라보는지 신기해 하는 사람도 있다. 인터뷰를 몇 번 경험하면서 느낀 것은 바로 그것이었다. 매체에서 바라는 것은 신발이란 오브제에 대한 순수한 열정보다는 단순히 "어떤 제품을 이만큼 갖고 있어요. 난 완전히 능력 있거나 미쳤거나 둘 중 하나죠!"라고 외치기를 바랐던 것이다. 이처럼 하이힐 중독에 대한 시선은 비록 단순한 흥밋거리에 지나지 않았지만, 사실 무관심보다는 관심을 보여주는 것이 훨씬 더 좋았다.

세상에는 많은 종류의 수집광이 있다. 진귀한 우표부터 시작해 페라리까지 모아대는 사람도 있는데, 그건 과시를 떠나 남들이 소유하지 못한 특별한 것을 가지고 있다는 순전히 개인의 만족을 위한 행위다.

홀릭, 중독자. 중독이란 어감은 꽤 섹시하다. 무언가에 홀려 있다는 것은 파괴적인 아름다움을 가진다. 일례로 압생트에 중독된 반 고흐는 세상을 일반 사람들과 다른 시선으로 봤다. 그가 그려낸 소용돌이치는 사이프러스 나무들 사이의 하늘을 보고 있노라면, 정말 압생트의 초록색 요정이 튀어나올 것 같은 몽롱한 정신이 느껴지며 이렇게 빙글빙글 돌아가는 세상을 압도적으로 표현한 것에 감탄한다. 슈어홀릭도 하이힐에 올라서면 세상을 바라보는 시선이 달라진다고 믿는다. 높은 곳에서 바라본 세상은 공기부터 다르다. 단순히 높다는 사실관계를 떠나 자신감으로 충만해진 상태로, 마치 힐의 높이와 자존심의 높이가 비례하는 것 같다. 그래서 쉽게 힐에서 내려올 수 없어 그저 중독자의 타이틀을 다는 것뿐이다.

마니아는 열광할 뿐이고, 컬렉터는 수집할 뿐이지만, 홀릭은 신발 없이는 못 사는 사람이다. 벤다이어그램으로 그려보면 마니아와 컬렉터의 합집합이 홀릭일 것이다. 그렇지만 어떤 의미에서 컬렉터와 홀릭은 구분된다. 컬렉터는 순수한 수집 목적보다는 가치가 있는 것을 사들여 재판매로 시세 차익을 챙기려는 투자 목적이 크다. 그러나 슈어홀릭은 신발을 크리스티 경매에 위탁하거나 이베이에 리미티드 에디션을 경매로 올려놓는 것보다 단지 소유 그 자체에 기쁨을 느낀다.

마음에 꼭 드는 신발을 보면 호감 가는 남자라도 만난 것처럼 가슴이 두근두근하고, 몸에서 열이 난다. 그리고 완전히 집중하게 된다. 세상에 마치 그와 나밖에 존재하지 않는 것처럼. 이 치명적인 소유욕은 머릿속이 새하얗게 될 때의 충동구매나 치밀한 계산으로 얻어지기도 한다.

"검정색 펌프스의 디자인은 다양하면 좋지. 블랙이라고 다 같은 블랙이 아니잖아. 정말 난 크로커가 너무 좋아. 하지만 파이톤은 아직은 무리인 거 같아. 그래도 이건 예쁘다."

"어느 날 이 빨간 구두가 신고 싶을지도 모르겠지만, 옆에 있는 골드 스트랩 슈즈도 괜찮지 않을까? 내 발 사이즈에 맞는 것이 있을 거야."

쇼핑을 할 때 머릿속은 온갖 고민으로 가득 찬다. 주로 선호하는 디자인에 집중하지만 새로운 것을 보면 흔들리고, 처음에는 마음에 쏙 들었는데 자꾸 신다보면 애정이 식는 것도 있다. 그런데 내가 가장 흥미로운 일은 아무리 많은 신발이 있어도 결국 신는 신발만 신는다는 것이다.

"결국은 하나야. 세상에 반은 남자라고 해도 진정한 상대는 한 명인

것처럼. 신을 신발은 이렇게 많지만 결국 하나만 즐겨 신게 되지."

비밀은 편안함이다. 아무리 예뻐도 편하지 않으면, 어디에나 잘 어울리지 않으면 지속적인 애정을 줄 수 없다. SATC의 캐리가 슈어홀릭이라는 캐릭터로 설정된 것은 열심히 사랑을 찾아다녔다는 것과 통하는 것일지도 모른다. 그리고 캐리는 어떤 남자를 만나도 결국 '미스터 빅'에게 돌아갔다.

나의 신발에 대한 남다른 사랑도 캐리의 '빅' 같은 효과를 낸다. 그러나 열정을 쏟는 대상을 남이 바라는 기준에 맞추다가는 상처받게 되니 적당한 거리를 유지하면서 주변의 시선에 대응하는 편이 좋다.

슈어홀릭 트렌드는 개인적 취향을 넘어서 국내 슈즈 브랜드의 비약적인 발전을 가져왔다. 삼청동이나 청담동의 수콤마보니, 더슈, 최정인, 향 등과 같은 디자이너 슈즈 숍들이 즐비해지면서 일명 구두의 거리가 생겨난 것이 그 예이다. 다양한 디자인으로 선택의 폭이 넓어진만큼 지금 소수가 아닌 다수의 관심이 슈즈에 쏠려 있음을 반증해 주는 것이 또 있을까?

# 7
## 카드는 항상
## 리볼빙 결제를 권하지만

'저의 장래희망은 세계정복입니다. 물론 누구나 한 번쯤 생각하는 흔하디흔한 것이며, 우주정복을 외치는 사람보다는 꿈의 사이즈는 소박한 편입니다. 그래도 제 꿈을 이루기란 결코 쉽지 않습니다.'

침묵에 휩싸인 밤 한가운데 있노라면 감상에 젖어 이런 구구절절한 속 이야기를 털어놓고 싶을 때가 있다. 혼자 사로잡힌 내적 자아는 전화기를 붙들고 할 만한 이야기가 아니다. 이럴 때 사람들은 일기를 쓴다. 그리고 나는 블로그에 포스팅한다. 하지만 참으로 허무한 것은, 한 시간 넘게 작성한 글을 몇 번 읽어보다가 5분 안에 삭제하는 일이 부지기수라는 것이다.

그만큼 덧없고 허망한 꿈들이여! 막연한 꿈만큼 세계를 정복한 여성 유목민들은 나의 히어로다. 인디애나 존스의 모험만큼 극적이지 않지만, '바람의 딸' 한비야나 《바람처럼 떠나고 햇살처럼 머문다》의 리타 골든 겔만이 타인의 문화 속에 파고들어 함께 생활하고 공감하며 내적으로 성장해 나가는 리얼리즘은 나에게 자유의 에너지를 간접적으로 주입해 준다.

"저도 언젠가는 꼭 리타 아줌마처럼 여행하고 싶어요"란 짧은 내용으로 나의 히어로 리타 골든 겔만에게 메일을 썼다. 리타 아줌마는 친절하게도 내 여행이 실제로 이뤄지기를 희망한다는 답장을 주어 날 기쁘게 했고, 난 다이어리에 답장을 붙여놓고 망상에 빠지기 일쑤였다. 이렇듯 나의 성향은 매우 사치스럽고 고급스러운 상위문화를 지향하는 것과 최소한의 물건만을 가지고 세상을 떠돌고 싶다는 자유인 사이에 극과 극으로 공존한다.

자유에 대한 열망이 이렇게 큰데도 난 왜 노마드 대열에 합류할 수 없는가? 자유를 위해서는 엄청난 돈이 필요하다. 아무것도 하지 않아도, 모든 걸 하고 싶어도 돈이 드는 건 마찬가지다. 자유란 회계학적으로도 값비싼 대가다. 인정하긴 싫지만 신발에 대한 나의 '노예근성' (무엇을 위해 모든 걸 참으며 돈을 버는지 생각해 보면 틀린 말도 아니다)이 스스로를 속박시키고 있다.

돈을 모아보자 결심하지만, "나는 신발보다 적금통장이 좋다"라고 외치기에는 우울한 나날들이 이어진다. 하나를 얻음으로써 그 값어치만큼의 포기되는 기회비용이라는 기본적인 경제원리가 내게도 여지없이 적용되니, 자기계발에 투자할 돈은 철저히 아끼고 쇼핑에 아낌없이 퍼주어 남은 것은 '빛 좋은 개살구'다.

매번 새로운 달이 시작되면 '쇼핑 금지'라는 표어를 늘 달고 살지만, 참 쉽지 않다. 하이힐 하나를 포기하면 영어회화 학원에 다닐 수 있고, 두 개를 포기하면 그토록 원했던 드로잉 수업을 들을 수 있다. 그런데 쇼핑을 끊어버린 그 순간부터 뭔가를 잃어버린 듯, 마음 한구석이 허전하다. 마치 내 소울메이트가 사라진 기분. 어느 날부터 모든 게 시시해진다. 영어 학원에 다니는 대신 차라리 예쁜 신발을 사고 미국 드라마를 보며 대사 따라 하기 놀이를 했을 때가 더 재미났다.

알 수 없는 우울의 늪에 빠져 있던 어느 날, 길을 가다가 약간 연보라빛이 도는 10센티미터 굽의 펌프스를 발견했는데, 세상에! 1만 원이었다. 그 돈으로는 고무 플립플롭밖에 못 사는 줄 알았는데, 그냥 줍는 것과 다를 바 없지 않는가. 부푼 마음에 사 들고 집에 돌아와 자세히 보니 엄청나게 싸구려 소재였고 신발을 세워놓으니 안정감 없이 흔들렸다. 겨우 1만 원이 아니라, 1만 원도 아깝다.

저렴해서 다 나쁜 게 아니지만 합성피혁(합피)은 곤란했다. 보통 진짜 가죽으로 만들어진 구두는 내피가 돈피로 되어 있어 땀이나 냄새

걱정을 덜 하는데, 합피의 경우 땀을 흡수하지도 못하고 통풍도 잘되지 않아 냄새가 나고 신발 안에서 발이 미끄러지는 현상이 나타난다. 게다가 하이힐의 경우 착화감과 균형이 얼마나 중요한가. 한 발로 도는 피루엣pirouette을 출 생각이 아니라면 걸을 때마다 불안정한 굽은 당장 던져버려야 할 신발 일순위다.

처음으로 새 신발을 버려보았다. 땅을 치고 후회하며 얻은 교훈은 컸다. 값을 더 주더라도 제대로 된 것을 사자는 것. 그렇다고 해서 내가 저렴한 단가의 신발을 전혀 쳐다보지 않는 것은 아니다. '1만 원짜리 구두 소동' 이후, 합피 소재는 사지 않았어도 캔버스 소재, 새틴(프리미엄급 디자이너 슈즈가 아닌 이상 진짜 실크가 아닌 경우가 많으니까), 벨벳이나 스웨이드까지 얼마든지 고려할 가치가 있다. 브랜드물이 가격 대비 오래 신고 싶어서 과감한 디자인에 도전하기 꺼려질 때, 저렴하고 독특한 디자인의 신발은 좋은 대안이 된다.

사실 그렇게 마음먹기까지 한 번의 사건을 더 경험했다. 어느새 모든 걸 잊고 즐겨찾기 리스트 중 우연히 들어간 인터넷 쇼핑몰, 그냥 과감하게 창을 닫았어야 했다. 왜 또 골드 컬러로 발목에 끈을 묶을 수 있는 금색 샌들을 발견한 것인지, 그것도 대량생산이 이룩해낸 9,900원이라는 가격이 무척이나 착했다. 싸다는 생각에 무턱대고 사들였다가 바닥이 1센티미터도 안 되는 것을 보고 구두 수선가게를 찾아 밑에 보조 굽을 달았는데 웬걸, 보조 굽 다는 돈이 1만 원이었다. 그래도 디자인이 좋았기에 과감히 투자했건만 거리 한복판에서 끈이 떨어져버렸고, 집까지 돌아가기 위해 택시를 타야 했다.

잠깐의 오판이 금전적 정신적 손실을 불러일으켰다. 싸다고 사들였던 신발은 가격만큼 수명이 짧다. 값비싼 신발은 제값을 한다. 물론 가격보다 중요한 것은 좋은 신발을 구분해 낼 수 있는 능력이지만.

내가 믿는 좋은 신발 구별법은 무조건 소재를 먼저 보는 것이다. 진짜 가죽genuine leather이라면 오케이. 그 다음, 신발의 모양을 본다. 세워두었을 때 힐이 흔들리지 않는지, 어느 한곳이 아귀가 맞지 않아 뜨지 않는지 잘 살핀 다음, 직접 신어보고 얼마나 편안한지 본다.

살면서 양이냐 질이냐를 따질 때가 많다. 이십대 초반쯤까지는 저렴한 경제력이 빈약한 것을 찾게 하지만, 나이가 들수록 점차 좋은 것을 음미하는 쪽으로 취향은 변해간다. 나 또한 점점 마켓표에서 매스티지masstige 브랜드로, 그 다음 디자이너 슈즈로, 지금은 점점 프리미엄 디자이너의 신발을 기웃거린다. 100만 원에 육박하는 가격은 숨막히지만, 일단 시선은 그렇게 고정시켜 둔다. 자꾸 좋은 것을 찾게 되는 추잡한 욕망이 여전히 나를 구속시키더라도.

욕망의 노예는 자유를 위해 싸우지 않는다. 달콤한 쾌락이 눈을 멀게 하기 때문에 무엇을 놓치고 사는지 눈치채지도 못한다. 〈파랑새〉

의 치르치르와 미치르가 그토록 찾아 헤매던 행복은 아주 가까이에 있었다. 그래서 나는 세계정복보다 이렇게 예쁜 신발을 신고 하루하루를 열심히 사는 것이 더 큰 행복이라고 믿는다.

# 8
## 나도 슈즈
## 스타일리스트

대학이라는 일반화된 정규교육 과정을 마친 뒤, 무엇을 할 것인가에 대한 고민은 인생을 결정 지을 만큼 중요하다. 미래에 자동화 시스템이 일반화되면 많은 사람들이 일자리를 잃게 될 것이라는 예언대로 지금 실업률이 사상 최대라는 말을 심심치 않게 접한다. 특히 평균 수명 연장으로 오랫동안 할 수 있는 일을 찾다보니 안정적인 직장의 경우 경쟁률이 엄청나다. 만약 자신에게 창조적인 아우라가 단 1퍼센트라도 존재한다면, 일반인의 범주에 속할 것이 아니라 사람의 마음을 살 수 있는 일은 해보면 어떨까?

가장 고통이 따른다는 창조의 결과물은 오랫동안 사랑받는다. 셰익스피어가 어느 나라의 어느 시대 사람인 줄 몰라도 우리는 〈햄릿〉이나

〈오셀로〉까지는 아니더라도 〈로미오와 줄리엣〉의 안타까운 러브스토리를 기억하고, 모차르트의 자장가를 아기에게 들려준다. 그리고 르네상스 시대 즈음 등장했다는 발명가 미상인 '펌프스'는 여전히 우리의 발을 떠나지 않고 있다.

지금 이 시대에 존재하는 슈즈 스타일리스트는 전해져 내려오는 펌프스를 아름답게 변형시켜 재창조하는 역할을 맡고 있다. 패션계의 젊은 디자이너들은 실험정신이 강한 옷을 만들며 자신의 스타일을 찾을 때까지 실험에 실험을 거듭한다. 특히 메가급 디자이너인 존 갈리아노나 (최근 안타깝게 세상을 떠난) 알렉산더 맥퀸과 같은 영국계 디자이너들에게 많이 나타나는 성향인데, 그들이 패션계에 막 입문했을 시절의 새로운 시도는 사람들 마음을 얻은 순간 생명을 얻었다. 나 또한 넘치는 창조성을 주체하지 못했던 십대 시절 수많은 슈즈 스케치를 하며 시간을 보냈다. 마놀로 블라닉의 스케치를 따라 해보기도 했고, 내가 신고 싶은 하이힐을 디자인하며 역시 여느 디자이너 지망생들처럼 새로운 소재와 실루엣을 생각했다.

대학에서 의류학을 전공하게 된 이유는 슈즈 디자이너의 길로 가고 싶었던 이유가 컸다. 하지만 알아두어야 할 것은 의류학과에서 가르치는 것은 의복 그 자체라는 것이다. 패션은 종합적인 개념이기 때문에 슈즈 디자인을 위해 패션을 배우는 것은 당연히 해야 하는 것이지

만, 정말 기술적인 것을 배우려면 대학 수업으로 부족한 부분을 과외 수업으로 충당해야 한다. 국내에서 슈즈 디자인을 배울 수 있는 곳으로는 압구정동에 위치한 '현대악세사리 산업디자인학원'이나 신사동에 있는 '유형악세사리 디자인학원'과 같은 사설학원이 있는데, 물론 이런 일련의 교육을 받지 않더라도 의류학과를 나와 액세서리 디자인 파트로 취업하여 실무에서 차근차근 배워나가는 방법도 있다.

나 또한 어떤 직업을 가져야 할지 고민될 무렵, 슈즈 디자이너의 길을 걷고 싶어서 무작정 지니킴에 면접을 갔다. 뉴욕에서 공부하고 온 자신감 넘치는 디자이너 지니킴과 만난 곳은 갖고 싶게 생긴 신발들이 즐비한 성수동(구두 제작자들의 밀집 공간)의 한 사무실이었다. 그런데 운명이 나의 현실을 깨닫게 해주고 싶었는지, 우연치 않게 다른 지원자와 면접 시간이 겹치게 되었다. 같은 공간에 먼저 시작된 그녀의 면접 내용과 치밀하게 준비해 온 포트폴리오는 나의 어설픈 슈즈 스케치와 매우 비교가 되었다. 아니, 나의 스케치들을 꺼내기조차 창피했다.

이탈리아 밀라노에 위치한 마랑고니에서 슈즈 디자인을 전공했다는 그녀는 일러스트레이터나 캐드 같은 컴퓨터 프로그램으로 그린 듯 완성도 높은 슈즈 디자인 스케치를 여러 점 준비해 왔고, CD로 만든 포트폴리오에는 더 많은 작품이 들어 있다면서 수줍게 말하기도 했는데, 예쁜 슈즈 그 자체를 신는 것에 욕망하는 나의 삶과는 상당히 다른 창조적인 열정이 엿보였다. 그저 무작정 한번 해볼까 했던 나와 달리 그녀의 태도는 확연히 구별되었다. 게다가 전문적인 지식도 풍부한 인터뷰는 옆에서 보기에도 감탄스러웠다.

면접은 물론 잘 안 됐다. 패션잡지에서 튕겨 나온 나에게 지니킴은 오히려 인생에 대한 조언을 해주었고(그녀도 어시스턴트 경험이 있다 했다), 그 이야기를 마음에 새긴 채 쓸쓸히 돌아서야 했다.

수제화 하면 이탈리아가 아닌가. 슈즈 디자인 과정이 10개월 정도 된다고 하는 마랑고니(전공자의 경우)나 언어적인 장벽이 걱정된다면, 영국의 런던 칼리지 오브 패션London College of Fashion의 풋웨어footwear 코스를 택하는 사람들이 많다. 그렇다면 많은 이들이 당연히 가야 한다고 여기는 유학만이 슈즈 디자이너로 가는 전부일까?

그 뒤, 난 잡지사에서 일하면서 슈즈 디자이너인 이겸비를 인터뷰하게 되었다. 독창적인 디자인이 돋보이는 슈즈를 많이 디자인하는 그녀는 예술의전당 한가람미술관에서 슈즈를 모티브로 한 오브제를 전시한 아티스트이기도 하다. 그녀는 《슈즈》란 책을 써서 슈즈 디자이너가 되고 싶은 이들을 위한 가이드를 제시하기도 했는데, 나도 대학에 갓 입학했을 무렵 그 책을 샀으니 인연이 깊다 할 수 있다.

"유혹은 유희다. 구두는 유혹한다. 디자이너들은 구두로 유혹하고 사람들은 그 구두를 신고 유혹한다."

슈즈를 두고 '유혹을 담는 스푼'이라 정의내린 이겸비의 슈즈 디자이너로서 이력은 한국의 에스모드 스쿨을 졸업하고 '이신우'에서 액세서리 디자인을 하면서 시작됐다. 그 후, 빈치스 벤치, 오브제를 거쳐 쌈지의 니마Nima라는 슈즈 디자인 팀장으로 일했고 이신우, 루비나 같은 국내 디자이너의 컬렉션 슈즈를 담당하기도 했다.

유학파로서 감성을 색다르게 재정비한 뒤에 국내에서 취업해도 좋고, 국내에서 의상디자인을 전공하고 별도로 학원에 다닌 다음 구두 디자인을 할 수 있는 곳으로 취업해도 좋다. 문제는 얼마나 그 일에 열정을 갖고 꾸준히 할 수 있냐는 것으로 일련의 배움에서 끝날 것이 아니라 배움 뒤에 오는 것들에 주목해야 한다. 어떻게 시작했든지 누구나 한 길을 꾸준히 걷다보면 모든 길은 통하게 마련이다. 하지만 고백하자면, 내게 슈즈 디자이너로서의 열정은 사실 뜬구름 잡기에 불과했다.

그래도 재킷에 어울리는 스카프를 고르는 듯 슈즈를 꾸며주고 싶다는 스타일리스트로서의 정신이 완전히 고갈된 것은 아니다. 슈즈 디자이너로서의 길을 걷기에는 그릇이 작았지만, 심심한 디자인의 슈즈를 신고 다니다가 그 자체에 리폼을 해서 창조적인 욕구를 해소시키는 열정은 남아 있었다.

더 그럴싸하게 말하자면, 이게 바로 취향대로 맞춰 꾸미는 커스터마이즈드 데코레이션 슈즈customized decoration shoes의 개념 아닌가! 세상에서 딱 하나밖에 없는 나만의 것을 만드는 작업이다. 그러니까 브랜드에서 나오는 리미티드 에디션에 목맬 이유가 없고, 아무도 갖지 않은 새로운 디자인을 구하지 못한다고 슬퍼할 이유도 없다.

동대문 원단상가에 가서 반짝거리는 스팽글이나 리본, 코사지 등 예쁜 부자재를 구해다가 밋밋한 신발에 달아주면 되는 아주 쉽고도 쉬운 방법이 있으니까. 그 중에서 나는 한 단계 어려운 신발 염색을 시도하기도 했다. 캔버스 천으로 만들어진 웨지힐을 핑크색으로 변신시키려고 한 것이다. 우선 염색 전에 브러시를 이용해 캔버스 천을 물로 뺀 다음, 뜨거운 물에 직접염료(면직물 염색 염료)를 풀어 붓으로 칠해준다. 그리고 드라이어의 뜨거운 바람으로 말려주면 핑크색 웨지힐 탄생! 다음에는 인조 호피 천을 사다가 오래된 신발 전체를 감싸서 새로운 애니멀 프린트 슈즈를 탄생시켜 보는 것도 재미있겠다. 이 무궁무진한 아이디어로 프라다처럼 보석 박은 샌들도 만들고, 단추를 달아 마르니 스타일의 슈즈도 만드는 거다.

"너 그거 싸구려 신발이 비에 젖어서 물 빠진 거 같아."

처음 신고 나간 셀프 염색한 웨지힐에 혹평이 떨어졌다. 풍선 바람 빠지듯 김이 샜지만, 또 슈즈 디자이너도 리폼도 아무나 할 수 있는

것은 아니지만, 하고자 하는 생각이 중요한 것이고 계속 노력하고 새로운 아이디어를 낸다면 발전할 것은 자명하다. 다만 꾸준히 해나가는 근성은 자신과의 싸움일 터이다. 내게 지금 무슨 일을 하는지와 상관없이 슈즈가 죽을 만큼 좋다는 건 변하지 않는 사실이다.

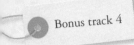 슈즈 쇼핑 노하우

어느 나라 어느 도시든 시즌이 바뀌는 즈음이 쇼핑의 적기다. 하지만 무엇보다 크리스마스가 지난 뒤, 시즌 오프를 알리는 세일은 재고 처리까지 겹쳐 할인 폭이 가장 크니 이 시기를 노려 쇼핑에 나서면 하나 가격으로 여러 컬레를 살 수 있다. 신발의 경우 유행에 크게 구애받지 않고 신을 수 있으니 이보다 더 좋을 수는 없다.

**한국에서 예쁜 신발 착한 가격으로 사는 방법**

1. 현명한 쇼퍼는 샘플 세일을 놓치지 않는다

샘플 세일은 한마디로 촬영 소품, 디스플레이 상품, 재고품 등을 소모시키는 세일이다. 그래서 그 어떤 세일보다 할인 폭이 가장 크다. 각 브랜드에서는 매 시즌이 끝날 때마다 샘플 세일을 하는데, 프레스 세일, VIP 세일 등으로도 불린다. 각 브랜드 정책에 따라 최고 90퍼센트까지 세일하며, 균일가로 판매되기도 한다. 마놀로 블라닉, 구찌 등 잘 알려진 럭셔리 브랜드는 주로 본사에서 열리고, 더슈, 향과 같은 국내 디자이너 브랜드는 각 매장에서 샘플 세일을 한다. 이 같은 정보는 피치슬립(http://www.peachslip.com/)에 가장 빠르게 업데이트된다. 행사 성격에 따라 초대장이 필요한 경우도 있으므로 잊지 말고 출력할 것.

2. 면세점이 당신을 부를 때

면세점은 크게 시내 면세점(중심가에 위치한 백화점 등에 있는 면세점으로 출국 전에 미리 쇼핑해서 공항에서 받으면 된다), 공항 면세점(입국 심사 후 만날 수 있는 쇼핑 장소), 기내 면세점(비행기 내에서 판매하는 면세품) 그리고 무엇보다 인터넷 면세점이 있다. 화장품은 국내 인터넷 면세점이 쿠폰 혜택 등으로 가장 저렴하게 쇼핑할 수 있다. 사실 면세점의 주력 상품은 명품 가방과 화장품이고 구두는 면세점과 절친한 항목은 아니다. 구두 특화 매장으로 롯데면세점(소공동)의 벨슈즈에서 마크 제이콥스, 크리스찬 라크르와 등을 팔기도 하지만 품목이 부족하다. 다만 매력적인 것은 면세점 카드를 만들면 15퍼센트 추가 할인이 가능하다는 것. 단, 루이비통, 샤넬, 에르메스는 세일에서 언제나 제외된다. 이들 브랜드는 고가여서 부가가치세를 면제받는 것만으로도 가격적 이득이 있다. 그러나 내국인은 면세품 구입 한도가 3,000달러이고 이외에도 국내로 반입할 때 400달러 이상의 물품 소지시 세관에 신고해야 하므로 세금을 내야 한다(2010년 기준).

3. 추천하는 구두의 거리

서울에는 구두의 거리가 있다. 스타일리시한 브런치와 구두 쇼핑을 한꺼번에 할 수 있는 곳으로 삼청동, 청담동, 신사동 가로수길이다. 먼저 삼청동 구두의 거리는 수콤마보니, 더슈 외에도 총리 공관까지 이어져 있는 거리를 따라 다양한 구두 브랜드의 로드숍이 이어진 특색 있는 거리다. 청담동 명품거리 뒤에 커피미학 골목 쪽으로 생겨난 구두의 거리에는 나무하나 등 디자이너 슈즈 브랜드가 들어서 있다. 패셔니스타의 집합지인 신사동 가로수길에서는 럭셔리 브랜드보다는 바바라, 프렌치솔과 같은 플랫 슈즈 매장이 눈에 띈다.

4. 최고의 스타 브랜드 마놀로 블라닉, 지미 추, 크리스찬 루부탱은 어디에?

마놀로 블라닉의 경우 갤러리아 백화점, 애비뉴엘에 입점해 있고, 크리스찬 루부탱은 편집매장 분더숍에서 만나볼 수 있다. 지미 추의 경우 청담동에 매장이 있다.

5. 싸게 구입하는 명품 슈즈

압구정동에 즐비한 중고 명품 판매 상점을 찾아다니는 것이 불편하다면, 명품 포털인 필웨이(www.feelway.com)를 강력 추천한다. 저렴한 가격에 명품 슈즈를 구입할 수 있는데, 거의 새것 같은 중고 슈즈가 실제 가격의 반값에 판매되기도 하며 국내에 론칭되지 않는 브랜드나 새 상품을 해외에서 세일 가격에 구입한 판매자들이 국내보다 훨씬 할인된 가격으로 팔기도 한다. 또한 운이 좋으면 이미 매장에서 품절된 슈즈를 만나볼 수 있다. 다만 사이즈가 다양하지 못하니 원하는 디자인이 자신의 사이즈로 나와 있다면 주저 말고 구입하는 것이 좋다.


5. 여주 프리미엄 아웃렛

경기도 여주에 위치한 국내 최대 규모의 프리미엄 브랜드 아웃렛으로 구찌, 버버리, 마크 제이콥스, 비비안 웨스트우드, 클로에 등 여러 명품 브랜드가 입점해 있다. 무엇보다 멀티숍인 분더숍에서 크리스찬 루부탱, 알렉산더 맥퀸 등의 구두를 비교적 저렴한 가격에 만날 수 있다. 이 외에도 수콤마보니는 20퍼센트대의 할인가를 제시하고 있으며 주문 제작이 가능하다. 나인웨스트도 입점해 있으니 참고할 것. http://www.premiumoutlets.co.kr/

## 외국 가서 명품 슈즈 싸게 사는 팁

대표적인 명품 쇼핑 천국인 홍콩과 뉴욕의 세일 기간에 마놀로 블라닉, 지미 추 등 꿈의 구두 손에 넣기

### 1. 홍콩

홍콩은 크게 주룽九龍반도와 홍콩섬(센트럴)으로 나뉘며 도시 전체가 면세 구역이다. 메가 세일 시즌 7~9월(여름 세일)과 12~2월(겨울 세일)이 있다.

- 하버시티(MTR 주룽Kowloon 역)

  주룽반도에 있는 최대의 쇼핑 구역으로, 에르메스, 루이비통, 샤넬, 페라가모 등 대규모 부티크들이 입점해 있다. 추천하는 구두 쇼핑 장소는 레인크로퍼드 백화점인데, 2층에서 멀티숍처럼 미우미우, 크리스찬 루부탱, 마크 제이콥스 등의 구두를 한 장소에서 판매한다. 트위스터란 할인 멀티숍도 있지만, 이곳은 구두보다 가방이 많다.

- 센트럴(MTR 센트럴Central 역)

  고급스러운 하비니콜스 백화점을 비롯하여 대형 명품 부티크들이 밀집해 있다. 나인웨스트와 홍콩 브랜드 스타카토STACCATO 구두의 로드숍이 있는데, 쇼퍼들이 세일 시즌에 여러 켤레를 사갈 정도로 인기가 많다.

- 추천하는 홍콩 아웃렛 3종 세트

  ① 시티게이트 아웃렛(MTR 똥총Tung Chung역에 위치)

  공항과 가까운 곳에 위치한 시티게이트 아웃렛은 캘빈 클라인, 폴로 등이 입점해 있으며, 명품 슈즈를 저렴하게 구입할 수 있는 곳이다. 크리스찬 루부

탱의 에스파드리유 웨지힐이 10만 원도 안 되는 가격에 판매되기도 했다. http://www.citygateoutlets.com.hk

②호라이즌 아웃렛(홍콩섬 압레차우에 위치 / 버스 혹은 택시 추천)

1층에 페라리 수리점이 위치한 건물. 여러 명품 브랜드, 가구, 소품 등의 아웃렛이 층별로 다양하게 입점해 있다. 레인크로퍼드, 조이스웨어하우스를 추천하는데 레인크로퍼드의 경우 스티커 색깔에 따라 균일가로 판매되는 옷들을 잘 살펴보면 상상을 초월한 가격으로 구입이 가능하고, 구두의 경우 여러 켤레를 사면 추가 할인을 해준다. 조이스웨어하우스는 월별로 가격이 달라지는 곳이다. 즉 10월에 비싸게 판매되던 구두가 11~1월에는 가격이 더 떨어지는 방식으로 판매된다. 이 외에도 지미 추, 조르지오 아르마니 등의 구두도 만나볼 수 있다. 호라이즌에서 제공하는 셔틀버스를 타고 스페이스 아웃렛으로 가는 동선을 추천한다.

③스페이스 아웃렛(호라이즌에서 셔틀버스로 5분 거리)

프라다, 미우미우 아웃렛이라고 할 수 있는 스페이스 아웃렛에서는 옷, 가방, 구두 등을 판매한다. 가격대는 저렴한 편.


• 패스트 패션 빅매치

H&M, 자라, 톱숍은 사람들이 가장 많이 북적이는 곳. 저렴한 가격에 트렌디한 상품을 살 수 있어 인기를 끄는 패스트 패션 브랜드가 모두 홍콩에 모여 있다. H&M만 해도 5개가 넘는 매장이 홍콩 곳곳에 포진해 있는데, 한국에는 들어오지 않는 스타일이 많다. 특히 유명한 디자이너들과 협업한 상품은 출시되자마자 구매 행렬로 유명하다. 톱숍은 런던의 빈티지 스트리트 패션 감성을 만날 수 있다.

## 2. 뉴욕

트렁크 세일, 샘플 세일 등 세일 천국인 뉴욕은 무엇보다 추수감사절 다음날, 연말 쇼핑 시즌을 알리는 '블랙 프라이데이Black Friday'가 있다(www.bfads.net : 블랙 프라이데이의 세일 정보 미리 보기).

이 시기에 슈즈를 쇼핑하기 위해서는 삭스 피프스 애브뉴Saks Fifth Avenue로 가자. 맨해튼에서 크리스찬 루부탱, 마놀로 블라닉, 지미 추 등 가장 많은 종류의 디자이너 슈즈를 판매하는 삭스 백화점은 1월 재고 정리 시즌과 같은 세일 시즌에 60% 이상 할인하고, 날짜가 지날수록 세일 폭이 커진다.

**국립중앙도서관 출판시도서목록(CIP)**

슈즈시크릿 : 나를 멋진 곳으로 데려다줘 / 신미경 지음. ─ 고양 :
위즈덤하우스, 2010
p. ; cm

ISBN 978-89-5913-433-5 13590 : ₩15000

구두(신발)

381.39─KDC5
391.413─DDC21                                    CIP2010001254

나를 멋진 곳으로 데려다줘

# 슈즈 시크릿

초판 1쇄 인쇄 2010년 4월 10일     초판 1쇄 발행 2010년 4월 15일

**지은이** 신미경 **펴낸이** 연준혁

**출판 7분사_ 편집장** 박경아
**기획** 김도연 **편집** 김은주
**제작** 이재승 송현주

**펴낸곳** (주)위즈덤하우스 **출판등록** 2000년 5월 23일 제13-1071호
**주소** 경기도 고양시 일산동구 장항동 846 센트럴프라자 6층 **전화** 031)936-4000 **팩스** 031)903-3891
**전자우편** wisdom7@wisdomhouse.co.kr **홈페이지** www.wisdomhouse.co.kr
**출력** (주)플러스안 **종이** 화인페이퍼 **인쇄·제본** 영신사

ⓒ신미경, 2010
**값** 15,000원 **ISBN** 978-89-5913-433-5 13590

• 잘못된 책은 바꿔드립니다.
• 이 책의 전부 또는 일부 내용을 재사용하려면 사전에 저작권자와 (주)위즈덤하우스의 동의를 받아야 합니다.